明挖现浇城市地下综合管廊
造价指标与造价指数预测方法

张家颖　杨　林　周邦革 ◎ 编著

西南交通大学出版社
·成　都·

图书在版编目（ＣＩＰ）数据

明挖现浇城市地下综合管廊造价指标与造价指数预测
方法／张家颖，杨林，周邦革编著. —成都：西南交
通大学出版社，2021.3
　　ISBN 978-7-5643-7933-9

　　Ⅰ.①明… Ⅱ.①张… ②杨… ③周… Ⅲ.①市政工
程–地下管道–工程造价–研究 Ⅳ.①TU723.34

　　中国版本图书馆 CIP 数据核字（2020）第 270933 号

Mingwa Xianjiao Chengshi Dixia Zonghe Guanlang
Zaojia Zhibiao yu Zaojia Zhishu Yuce Fangfa

明挖现浇城市地下综合管廊造价指标与 造价指数预测方法	张家颖 杨　林　编著 周邦革	责任编辑　王同晓 封面设计　曹天擎

印张　17　　字数　252千	出版发行　西南交通大学出版社
成品尺寸　170 mm×230 mm	网址　http://www.xnjdcbs.com
版次　2021年3月第1版	地址　四川省成都市金牛区二环路北一段111号 西南交通大学创新大厦21楼
印次　2021年3月第1次	邮政编码　610031
印刷　四川森林印务有限责任公司	发行部电话　028-87600564　028-87600533
书号　ISBN 978-7-5643-7933-9	定价　78.00元

编委会

前言
Foreword

　　近年来，随着国家大力推进"海绵城市"的建设，我国城市地下综合管廊建设得到了快速发展。城市地下综合管廊工程投资大、涉及面广，不同的地区、不同的城市、不同施工方法、不同的环境和地质条件，导致其综合造价差异很大。这些都为城市地下综合管廊工程的造价管理带来了巨大的困难。当前我国的城市地下综合管廊建设仍处于早期发展阶段，大多数企业没有条件对城市地下综合管廊的造价数据进行系统的数据收集和整理分析，在推行工程量清单计价时主要依赖于政府颁布的定额，使得工程量清单计价模式不能充分发挥作用。业主在进行投资控制时也缺乏可靠的投资控制依据。城市地下综合管廊工程造价指标体系的建立能够帮助工程造价管理人员快速准确地确定工程造价，为其在工程项目的策划、设计、招投标、评标、建造和竣工等阶段进行方案选择和造价控制提供依据。

造价指标还能反映新工艺、新方法、新材料及劳动力水平对工程造价的影响,从而推动行业技术创新,达到提高劳动生产效率,降低成本的目的。

为提高城市地下综合管廊的造价管理水平,保山市地下综合管廊投资管理有限责任公司组织编写了本书。本书将为城市地下综合管廊的造价确定及造价控制提供较为准确的依据,对于提高投资企业的综合管廊投资控制水平具有较强的应用价值和现实指导意义。

作　者

2020 年 12 月

目录
Contents

1

城市地下综合管廊工程造价指标与造价指数概述

1.1 工程造价管理基本理论

1.1.1 工程造价的概念与内涵

根据中国建设工程造价管理协会学术委员会关于工程造价的定义，工程造价有两种内涵：工程造价的第一种内涵是从投资方的视角给工程造价定义。工程造价指全部固定资产投资，即工程建设预期或实际开支的费用。在投资活动中所支付的固定资产费用及无形资产费用便构成了工程造价。从这个视角来说，工程造价就是工程投资费用，建设项目的工程造价就是建设项目固定资产投资。工程造价的第二种内涵是从社会主义商品经济和市场经济层面定义工程造价。工程造价是指工程建设过程中，预期或实际在土地市场、技术劳务市场、承包市场以及设备市场等交易过程中所形成的建设工程总价格或建筑安装工程价格。

工程造价的定义虽然具有两个层面的内涵，但却是从不同角度将同一事物的本质揭示出来，所以工程造价的两种内涵并不矛盾，而且能够将造价的实质准确、全面地反映出来。那么，从工程项目建设的投资者角度分析，工程造价的实质就是在市场经济条件下，投资者"购买"建设项目所要付出的价格（即工程投资）。从工程的规划、设计单位到工程的承包商和提供商的角度分析，工程造价的实质就是建筑市场供应主体，出售劳务的价格与建筑商品的价格的总和，或者特指一定范围的工程价格，例如建筑安装工程造价等。然而，工程造价的两种内涵也存在差异，主要体现在两种内涵定义的造价有着不尽相同的管理性质和目标。这一差异主要是市场经济中的需求主体与供给主体追求不同的利益所导致。在管理性质层面上理解工程造价，显然第一种造价内涵属于投资管理范畴；第二种造价内涵则属于价格管理范畴。可见，两种内涵既相互联系，又存在差异。作为项目建设费用或投资成本，投资者在工程项目建设的决策阶段与实施阶段，保证决策的正确性是其首要任务。投资者始终关注的问题，是力求在项目建设过程中，一方面不断降低工程涉及的成本费用；另一方面不断提升工程质量水平，完善建设工程项目的各项功能，同时能够提前或如期交付建筑产品并投入使用。因此，投资者将降低工程造价作为其始终如一追求的目标。然而，作为承包商或供应商所追求的是较高的工程造价，因为那是他们利润或超额利润的来源。为此，他们将更多的关注工程价格。

1.1.2 工程造价的职能和作用

1. 工程造价的职能

本书主要从工程价格的角度对管理工程的建筑安装工程费用（以下简称"建安费"）进行研究。从这个角度讲，工程造价属于工程价格，即工程交易价格，因此，工程造价具有一般商品的价格职能。同时，工程建设与一般的商品相比，有自己的特殊性，因此，工程造价除具有一般商品的价格职能外，还具有其特殊的职能。

1）控制职能

工程造价的控制职能主要表现在两方面：一方面是它对投资的控制，即在投资的各个阶段，即决策、设计、施工等阶段，分别进行投资估算、初步设计概算和施工图预算，根据对投资项目造价的多次预估，通过对各阶段的建设方案进行评价和造价衡量，对工程造价进行全过程多层次的控制；另一方面，通过工程项目造价，也是对以承包商为代表的商品和劳务供应单位进行成本控制。

2）评价职能

工程造价可以作为一种衡量比较标准进行比较评价，工程造价是评价总投资和分项投资合理性和投资效益的主要依据之一。特别在评价建筑安装工程和设备价格的合理性时，需要利用工程造价资料，根据工程造价的经验数据进行评判。在评价建设项目偿贷能力、获利能力和宏观效益时，也需要依据工程造价才能进行。对于企业管理来说，工程造价也是评价企业管理水平和经营成果的重要依据。

3）预测职能

工程项目建设周期长、投资巨大和消耗的资源多，由此形成了工程造价的大额性和动态性。在工程项目建设中，无论是投资人还是承包商，都要对拟建工程进行预测。投资人预测的工程造价，不仅作为项目决策和建设过程方案选择评价的依据，同时也是筹集资金和控制造价所需要的。承包商对工程造价的预测，既为投标决策提供依据，也为投标报价和成本管理提供依据。

4）调控职能

建筑业在国民经济活动中占有重要地位和作用，工程建设直接关系到经济增长，也直接关系到资源分配和资金流向，对国计民生产生重大影响。因此，国家对建设规模和结构进行宏观调控是在任何条件下都不可缺少的。同时，在微观方面，国家对政府投资项目进行直接调控和管理也是非常必需的。通过宏观调控和微观管理，都需要用工程造价作为经济杠杆，对工程建设中的物质消耗水平、建设规模、投资方向等进行调控和管理。

2. 工程造价的作用

因为工程造价涉及国民经济各部门、各行业，涉及社会再生产中的各个环节，也直接关系到人民群众的生活和城镇居民的居住条件，所以它的作用范围和影响程度都很大。其作用主要有以下几点：建设工程造价是项目决策的依据；建设工程造价是筹集建设资金的依据；建设工造价是制定投资计划和控制投资的依据；建设工程造价是合理利益分配和调节产业结构的手段；建设工程造价是评价投资经济效果的重要指标。

1.1.3　工程造价管理的内容与模式

1. 造价管理的概念

工程造价管理的主要研究对象是建设项目工程造价，对工程造价管理理论的研究是项目管理的基础研究工作。对于工程造价管理相关概念，国内外相关机构和学者尚未形成统一，本文针对具体研究内容，对工程造价管理的一些基本定义、概念等概述进行统一梳理和定义。工程造价管理有两种理解。工程造价管理的第一种内涵从管理性质上看属于项目投资管理在对项目进行投资决策和实施的过程中投资者追求的是投资决策的正确性、科学性和合理性，继而在具体实施过程中提高项目质量、降低投资费用、缩短项目工期、完善项目功能，从多个角度控制或降低工程造价水平，以避免或减少投资浪费现象。工程造价管理的第二种内涵从管理性质上看，属于项目价格管理，承包商在进行造价管理过程中追求的是工程建设费用的降低，从而在土地、设备、技术、劳务和承发包市场等各类交易活动中，降低上述价格，从而降低整体工程造价水平，以获得更大利润。从工程造价管理角度来看不同的角度导致了不同的工程造价管理也会体现出不同的利益追求。本文在对城市地下综合管廊工程造价进行研究中主要是从投资者的角度出发对于工程造价管理的研究属于项目投资管理的范畴。

2. 工程造价管理主要内容

工程造价管理是以遵循经济发展规律为前提，以建设工程项目为研究对象，通过科学管控方法或措施来对工程造价进行合理确定、控制及一系列管理活动。主要内容如下：

1）工程造价影响因素分析

由于在实际工程中存在诸多影响工程造价的因素，对于一个复杂系统的工程造价来说，对其造价影响因素的挖掘与分析是开展造价相关管理工作的重要前提。其中工程造价影响因素研究的内容主要指挖掘与分析造价影响因素。

2）工程造价合理值的确定

在工程建设每一阶段，工程造价管理人员需选择适宜的预测方法或模型对工程造价进行预测，从而确定工程建设每一阶段的目标费用。在整个项目工程建设过程中，由粗到细，由宏观到微观，对工程建设各阶段造价进行比较及管控。通过对前一阶段工程造价的预测来确定合理的工程造价，从而有效控制后一阶段工程项目投资额度，以达到建设项目工程造价全过程管理目标。因此，前一阶段的造价预测的科学性与准确性，将直接影响后一阶段投资控制的效果。例如：工程项目设计阶段的概算受到其前一阶段项目决策与可行性研究阶段的估算控制，而且设计概算的精度将直接影响后面施工阶段的预算，乃至竣工阶段结算与决算的准确性。

3）工程造价有效管控

按照工程造价"精益化"的管理原则，运用一定的方法或手段，有效整合工程项目的人力、物力、财力等各类资源，将造价控制在合理范围内。最终，实现对工程造价的有效控制，获取更好的经济效益及社会效益。在工程个体间通过对造价方案比较分析使得建设方案及设计方案等得以优化。另外，还可以通过对总体工程造价趋势分析，为相关单位投资决策或政府造价部门制订造价政策提供重要参考依据。

综上所述，为了实现对建设项目工程造价的有效管理，应从工程的技术、经济、组织、信息及合同管理等层面对造价开展多维度综合管控。其中工程技术与工程经济相结合的构建造价指标及其值预测模型，是工程造价前期有效控制的重要途径。然而，在我国建筑工程领域，由于工程技术与经济长期脱离，导致工程造价难以得到合理管控。那么，如何有效地提高工程造价管理水平，已成为我国建筑工程领域中亟待解决的问题。而解决这一难题的关键是如何处理好项目建设过程中工程技术先进性与经济合理性之间的对立统一关系。所以，需要我们通过开展技术比较、经济分析等一系列造价管理活动，将工程技术与经济有机结合，以保证在技术先进性的同时实现经济合理性，或者说以经济合理性为目标并确保技术先进性，将有效控制工程造价的观念，融入建设工程项目的全过程管理中。

3. 工程造价管理模式

随着我国生产力水平及国民经济的空前发展，我国工程造价管理水平也得到了显著提高，按照计价模式划分，主要包括工程定额计价和工程量清单计价两种计价模式。

1）工程定额计价模式

工程定额计价模式是指依据概预算定额中规定的分部分项子目，逐项计算工程量，并套用概预算定额单价确定直接工程费。长期以来，该模式在我国被广泛采用。另外，在定额计价模式下，按照规定的取费标准确定间接费、税金、措施费及利润等，然后将前面各项求和，再同适当的不可预见费和材料调差系数汇总，形成工程概预算。

我国曾经历过计划经济时期，为了使工程造价管理制度与当时的计划经济体制相适应，而采取了单一的定额计价模式，即采用概预算定额单价法确定工程造价。该模式的实质就是由国家统一颁布的定额指标（即计价定额），有计划地管理建筑产品的价格。换言之，国家假定建筑安装产品为管理对象，统一制定建筑安装产品的概算定额和预算定额，然后通过每一单元费用计算，再综合形成整体工程的价格。鉴于定额编制期的平均社会科技水平与劳动力水平能通过定额计价模式予以反映，该模式能够帮助造价管理主体对建设项目工程的造价进行宏观控制。另外，定额计价模式计算的程序较为简便，应用的思路较为清晰，允许专业技能知识不高的人员进行编制。因此，在建设项目工程全过程中，均可采用该模式对造价进行计算。但是，当前工程相关材料、设备、技术及工艺的更新时间不断缩短，而工程定额的编制却往往需要较长时间，导致定额计价模式具有一定滞后性。另外，目前"量价合一"原则是定额计价方法得以运用的主要依据，所以定额计价模式不能全面反映市场变化情况。同时在定额计价模式中，各项费用与工程量往往被假定呈线性关系，并将单位成本固定。可是现实生活中时间、政策等诸多因素的变化都会影响到工程单位成本，导致其不断变化。目前不能够将由定额计价模式所计算出的工程造价作为制订投标报价的标准，因为此造价仅能反映社会平均水平，不能反映个体实际水平。若将其作为制订投标报价的标准，将导致竞标阶段缺乏竞争力等问题。

2）工程量清单计价模式

工程量清单计价模式是一种新型计价模式，该模式主要采用市场定价方式计价，与工程定额计价模式有着显著的区别。在该模式下，允许建筑市场中的买卖双方依据市场信息状况、供求状况开展自由竞价，通过竞争签订合同价格。工程量清单计价方法随着建筑市场的建立、发展与完善孕育而生。只有建立统一的工程量清单项目，才能具体应用工程量清单计价方法。首先，制定工程量计量规则。其次，依据工程的具体施工图纸，测算出每一个清单项目的工程量。最后，结合所搜集的工程造价历史信息和经验数据，计算出工程造价。由于工程量清单计价模式完成了将工程综合单价与工程量相分离的过程（即"量价分离"）。所以在该模式下竞标企业可以自行编制报价，并结合工程项目所需费用、利润及潜在风险因素，综合考虑自身实力与市场环境后进行自主报价。其中建筑产品价格（即工程造价）可通过各家企业在市场中展开的竞争最终确定。此价格既能够体现市场的公开性、公正性与公平性，又能反映企业的自身实力，还可以促进企业提升技术水平，加强施工管理。最终，通过企业自身技术管理水平全面提高，达到企业利润最大化。同时招标单位也可能通过投标企业的报价了解项目相对真实而客观的造价。

然而，目前我国尚未形成成熟的建筑市场环境，因此，在我国出现了工程定额计价法和工程量清单计价法两种模式平行应用的局面。

1.2 工程造价指标的性质与作用

1.2.1 工程造价指标的性质

随着工程建设的规模扩大和建筑业的发展，人们更加注重建设工程造价合理确定和有效控制的实际效果，如何有效的确定和控制工程造价成为业界的一个研究重点。其中，工程造价指标和指数方法是确定和控制工程造价的一个方法和重要途径。根据实践经验可以发现，建设工程造价指标在建设工程造价分析控制方面发挥越来越重要的作用，在缺乏科学合理建设工程造价指标体系的情况下，很多时候，人们往往凭经验来估计或确定工程造价，这种方法有很大的局限性。因此，探讨编制建设工程造价指标和指数系统，逐步建立系统、完善和准确的建设工程造价指标和指数体系具有重大现实意义。

在建筑施工承包市场中，由于业主不能够获得投标人足够的信息，在选择承包人时，很多时候主要依据报价确定承包人。当业主无足够的造价信息时，也缺乏比较和评判标准，很可能选择价格低的承包人。这就存在中标人可能不能够提供质量较高的产品，在施工过程中容易产生纠纷。而提供质量好的投标人，不易获得中标，出现"以劣币驱逐良币"的现象。同时，由于信息不对称，在具体考虑确定承包人时，即使中标价格在所有投标报价中属于最低的，业主方往往会考虑中标人是否还有其他自己不知道的问题，或存在"围标"的可能，于是业主有可能做出不进行或推迟确定承包人的决定，这个决定既不利于承包人，也不利业主。

建筑业的造价信息应用技术并未从整个建筑业的角度考虑跨阶段、跨专业的信息传递和共享的需求。实际实施过程中，也缺乏立足于项目角度的统一的工程造价信息交流机制，造成各参与方之间难以进行有效的造价信息交流，形成呈分离割裂状态的造价信息孤岛。在项目建设过程中，业主为了获得相对准确的工程造价信息，往往在施工招标阶段才进行标底的编制，确认工程的预期价格。由于预算的专业性和繁杂性，很多业主请不同的专业机构或人员进行预算编制，保证预算的相对准确性。以便复核项目的预算，同时，可以评判投标人的报价，防止过低价中标或"围标"，确定最高限价。但这样增加了成本和减低了效率。在设计过程中，如何评判设计图的经济性，也是项目取得成功的关键因素。传统的建造过程中，设计单位按照标准、规范完成设计任务，较少考虑工程的经济性。设计单位和设计人员通常不太关心设计图纸的经济性，关于相应的工程造价信息了解相应较少，在平面设计、结构选择、结构设计等方面，很少考虑工程经济性。

因此，需要建立一套简单的造价信息机制，对设计进行评估，考察其设计的经济性。政府项目中也存在价格信息交流渠道不畅和信息不对称问题，政府项目的调定价部门与报价经济主体之间存在着价格信息的交流渠道不畅，一些经济主体提供的成本资料不实，使政府调定价部门不能掌握准确的成本信息，政府有关部门监测到的工程造价价格信息资源共享性差，无参照性和可比性，如审计部门在进行审计时，无可参考的统一标准；各政府项目的建设单位之间的造价信息未进行参考和共享。建立一种简单的信息表现机制，可以减少项目建设中各参与人之间的信息不对称造成的影响。采用工程造价指标的方法和造价信息的管理，是进行建筑项目进行造价信息交流的重要平台。在项目建设过程中，无论是政府主管部门还是其他各建设参与人都需要了解及时、准确、系统的造价信息，造价指标是简单的衡量工程项目价格和消耗量的代表物，将复杂的工程价格进行简单化和代表性处理，有利于参与各方进行工程造价的信息交流和沟通。

通过造价指标可以规范项目参与各方在市场中的价格行为，使工程价格的形成环境能够保持一种统一、公平和有序的竞争状态。通过利用现代化的信息传输手段和科学的价格信息管理系统，开发利用工程造价价格信息资源，提高市场工程价格信息透明度，引导经济主体的经济活动在国家法律、法规和政策要求的框架内运行。特别是在工程建设管理中，无论是招投标阶段还是设计阶段，需要建立诱导性工程造价调控行为机制，即通过透明、简单的造价信息引导设计人进行良好的经济性设计，承包人通过企业的管理水平和生产力的提高，提高工程质量和降低造价。建立诱导性工程造价调控行为机制需要以占有一定价格信息资源和信息传播手段为前提条件，既要对工程市场价格进行长期监测，又要及时对价格信息进行加工处理和传播以确保信息的时效性和代表性、简洁性。

采用工程造价指标搭建工程造价信息交流平台与建立诱导性价格调控行为机制是一个问题的两个方面，只是观察的角度和表达的方法不同而已。诱导性行为机制既符合社会生产力提高的变革取向，也更符合项目参与主体对项目建设的市场价值取向，是解决造价信息对称问题有效手段之一。采用工程造价指标的方法，搭建工程项目价格信息交流平台，有利于推动市场形成价格机制的有效运行，是一项工程造价信息管理工程，使工程造价信息的共享性更宽更广，适用性和易用性更强。造价指标的科学和实用、简单，方便用户咨询和查阅，这将会进一步增强工程造价价格信息交流平台对价格信息的吸纳和辐射能力，增强价格信息的透明度，改善价格信息不对称状况，形成一个有利于各方面了解、分析和研究市场价格变化的良好环境，规范市场价格决策行为，有利于提高价格引导资源配置功能的实现。工程造价价格信息交流渠道的通畅，价格信息透明度的提高，价格信息对称程度的改善，工程项目建设活动对价格信息的依赖性会越来越强，建设活动会更加有效率和效益。

1.2.2　工程造价指标的作用

建设工程造价指标是工程造价宏观管理、决策的基础；是制订修订投资估算指标、概预算定额和其他技术经济指标以及研究工程造价变化规律的基础；是编制、审查、评估项目建议书、可行性研究报告投资估算，进行设计方案比选，编制设计概算，投标报价的重要参考；可以作为核定固定资产价值，考核投资效果的参考；也可为承包商估算人工、材料、机械消耗量，编制企业定额，合理安排施工组织提供参考；还可为建设单位估算各期工程造价以合理制订筹资计划提供依据。充分利用这些资料往往可以起到事半功倍的效果。

造价指标在工程建设过程中，贯穿工程建设的全过程。在建设项目立项阶段、可行性研究阶段、设计阶段、招标投标与施工阶段，每个阶段都能发挥不同的作用。

1）在工程项目立项阶段，是投资估算的依据

工程项目建设初期，需要进行投资决策，不管是公益性投资项目还是营利性投资项目，不管是政府投资还是私人投资项目，在建设项目立项时，都需要估算建设项目投资。建设项目投资估算是项目立项和审批的重要基础数据，是项目投资决策的基础，也是立项后作为建设项目投

资控制的目标。而在项目决策阶段，由于工程项目建设资料的不完备，建设项目投资估算的直接依据就是建设工程造价指标等经验数据。建设项目造价指标是住宅等固定资产投资估算的主要方法。

2）在工程项目评估阶段，是评估建设项目投资效益的主要经济指标

在项目可行性研究阶段，需要进行投资效益分析。在这个阶段，通过应用建设工程造价指标计算建设项目总投资，通过市场调查和预测，进行收入预测，在这些基础上，进行项目财务评价，计算投资回收期和投资收益率等技术经济评价指标，作为投资决策的主要依据。

3）在设计阶段，是评价设计方案的重要指标

根据统计数据显示，建设项目经决策确定建设以后，工程设计阶段对造价的影响程度达 75%以上。工程设计是工程建设和控制工程造价的关键环节。越来越多的工程人员认识到设计阶段对工程造价的影响程度，都将控制造价的重点转移到设计阶段。在设计阶段，由于工作的重点是设计工作，与工程造价的控制存在一定的矛盾，需要寻找一种简单的方法，使设计人员能够快捷地寻找到某种设计方案或方法对应的造价，在设计时，能够有意识地控制造价。应用工程造价指标，能够帮助设计人员快捷地得到每种设计方案所对应的工程造价和材料消耗，从而能够在设计方案选择时，充分考虑造价因素。应用建设工程造价指标，对不同方案进行比选，选择技术上可行、经济上合理的方案，使设计体现功能与造价统一，在满足功能要求的前提下降低成本。同时，应用建设工程造价指标进行限额设计，也是工程造价在设计阶段的控制方法。控制拟建项目工程造价的最高限额，避免超出批准的初步设计概算。

4）在招投与和施工阶段，是工程造价对比分析的重要参考指标

编制工程预算、结算，对工程造价计算的准确性要求更高，应用建设工程造价指标可以在较短时间内对工程造价计算的准确性做出判断。通过与类似典型工程的总造价指标、工程数量指标、费用指标、人材机消耗指标分析对比，可以发现存在的问题，这是许多有经验的工程造价专业人员在进行工程计价或审核时常用的方法。

在工程招投标过程中，作为招标人，特别是一些不熟悉工程建设的招标人，在评判投标人的报价，选择承包人时，非常困难。一方面，由于担心投标人"围标"，选择的最低价也可能是假的，造成承包价格实际偏高；另一方面，担心投标人故意低价中标，在施工过程中，有意、无意采用高价索赔进行价格拉高，增加工程造价、工期和司法纠纷的风险。因此，采用工程造价指标，可以帮助招标人建立同类工程造价的价格基准，做到心中有数。同时，累计的、近期的和经过修正后的工程造价指标可以作为"经评审的最价中标法"的企业成本的判断参考标准。作为投标人，可以参考造价指标进行快速报价，评判自己报价的合理程度，避免报价过高，减少中标的可能程度；报价过低，中标后亏本的情况发生。同时，通过工程造价指标的衡量和评判，可以促使投标人不断提高生产力，降低消耗，节约成本。

5）工程造价指标用作审查施工图预算、结算与决算的参考依据

在实际的工程建设中，可以利用造价指标进行预算和结算的初步审查和判断标准。

1.3 保山城市地下综合管廊工程概况

1.3.1 保山中心城市地下综合管廊工程概况

自 2013 年以来，保山市拟启动南北向交通主干道永昌路改造工程，由于永昌路一直饱受"每年小挖挖、三年一大挖"的拉链式开挖的诟病，对交通出行、沿线商业及居民生活等造成了极大困扰。因此决定在保山中心城区的主要交通干道上建设干线综合管廊工程。截至 2015 年 12 月保山市已在中心城区开展了永昌路、保岫东路、青堡路、兰城路等综合管廊建设工作，同时在北城片区、东城片区等区域随着道路开发建设了缆线沟。通过综合考虑城市土地现状利用、城市用地规划、城市开发强度规划、城市空间结构规划、道路交通规划、市政管线规划等因素的影响，结合综合管廊建设的相关标准，分析提出以下综合管廊适宜建设区

域，即：老城改造区域，在旧城改造建设过程中，结合架空线路入地改造、旧管改造、维修更新，建设综合管廊；新城开发区域，新建地区需求量容易预测，建设障碍限制较少，应统一规划，分步实施，高起点、高标准地同步建设综合管廊；城市主干道或景观道路，在交通运输繁忙及工程管线设施较多的城市交通性主干道，为避免反复开挖路面、影响城市交通，宜建设综合管廊；重要商务商业区，为降低工程造价，促进地下空间集约利用，宜结合地下轨道交通、地下商业街、地下停车场等地下工程同步建设综合管廊；其他区域，不宜开挖路面的路段、广场或主要道路的交叉处、需同时敷设两种以上工程管线及多回路电缆的道路、道路与铁路或河流的交叉处，可结合实际情况适当选择。

项目名称：保山地下综合管廊工程 PPP 项目。

项目实施机构：依据工作职能，保山市政府授权保山市住房和城乡建设局作为项目实施机构。项目建设地点：保山市中心城市 60 km² 范围内。

项目建设周期：24 个月。

项目特许经营年限：30 年（含建设期 2 年）。

项目计划运营开始时间：2018 年。

项目建设背景：保山市于 2015 年即采用 BOT 模式开展综合管廊规划及建设工作。通过这一阶段的探索实践，项目目前已完成了永昌路、保岫东路、青堡路（象山路—沙丙管廊）三条干线管廊（共计 22.4 km）以及 1 号监控中心的土建工程，具体可参见图 1-1。在项目全部采用 PPP 模式运作后，上一阶段的设备采购及安装调试、验收、资产评估、协议转让等工作，将与综合管廊后续建设工作同步进行，于 2018 年整体投入项目运营。

1.3.2　工程内容

保山中心城市地下综合管廊试点项目包括 19 条综合管廊及三座监控中心。综合管廊总长 86.23 km，具体为：干线综合管廊 56.97 km（包括永昌路、青堡路、东环路、沙丙路、保岫东路、景区大道、北七路、青堡路延长线综合管廊）；支线综合管廊 29.26 km（包括兰城路南段、惠通路、永盛路、东城大道、海棠路、升阳路、兰城路北段、象山路、龙泉路、九龙路、纬三路综合管廊）。其中单仓 38.66 km，双仓 5.5 km，三仓 34.33 km，四仓 7.74 km。综合管廊建设内容为：土建工程、配电工程、通风工程、给排水工程、照明工程、监控工程、防灾报警及消防、标志等工程。新建监控中心三座，总建筑面积 2400 m²。工程静态总投资 64.09 亿元，动态总投资 67.58 亿元。按国家试点城市建设的总体要求，建设期 2 年，即 2016～2017 年，2018 年全面开始试运行。

图 1-1　保山中心城市地下综合管廊区位图

1.3.3 项目地理位置与自然条件

1. 项目地理位置

保山市地处云南省西部，位于东经 98°25′ ~ 100°02′、北纬 24°08′ ~ 25°51′的范围。东与临沧市接壤，北与怒江傈僳族自治州为邻，东北与大理白族自治州交界，西南与德宏傣族景颇族自治州毗邻，正南与西北接缅甸，拥有国境线 167.78 km。保山地处滇西各州市的地理中心，位于我国通向缅甸中心城市曼德勒和印度城市加尔各答的主要通道上，是通向缅甸和印度的最便捷可行的通道前沿，是滇缅公路、中印公路的交叉点，在历史上就是对外贸易通道的交通枢纽。

2. 地形地貌

保山市地处横断山脉滇西纵谷南端，境内地形复杂多样，坝区占 8.21%，山区占 91.79%。整个地势自西北向东南延伸倾斜，最低海拔 535 m，最高海拔 3 780.9 m，平均海拔 1800 m 左右。最高点为腾冲市境内的高黎贡山大脑子峰，海拔 3 780.9 m。最低点为龙陵县西南与芒市交界处的万马河口，海拔 535 m。在群山之间，镶嵌着大小不一的 78 个山间盆地，最大的保山坝子，面积 149.9 km²。

3. 地质概况

该区位于三江褶皱带西翼，即怒江大断裂以东，澜沧江大断裂以西之保山断陷盆地内。据云南省地矿局 1：20 万地质资料，保山盆地属径向构造体系之保山—施甸南北向构造带。该带以保山坝子为中心，一系列线性构造环绕其周围，总体上组成一近菱形的构造形象，其长轴方向近南北向。从地质构造分析，这一地区为复背斜（西部）和复向斜（东部）构造，在经向构造体系应力场的制约、叠加和改造，形成了东西两个密集的弧形构造带。东边为水寨—丙麻—木老园构造亚带，西边为沙河厂—何元寨南北向构造亚带。

由于长期强烈的构造应力作用，致使本区断裂广泛发育，加之脆性碳酸盐岩在此区集中分布，故地层的连续性差，褶曲保存不完好。保山盆地为一断陷盆地，盆地呈 NNE—SSW 向展布，南北方向长约 24 km，东西方向宽 6～10 km，东河从盆地中心自北向南流过，该河为澜沧江支流，河两岸为舒缓地貌，盆地东西两边地势均向东河缓倾斜，由于东西向水系发育，又把盆地两边分成块段。

保山盆地四周为波状起伏低中山地形，标高 1 800～2 100 m，与盆地比高小于 500 m。在盆地内沉积有第三系（N）含煤系地层。据滇、黔、桂石油勘探队资料，在盆地中心含煤系地层厚度可达 2 000 m 以上，在盆地上部堆积有第四系粗细相间冲洪积、冲湖积相地层，据地方勘探资料，第四系地层厚度超过 80 m。

4. 地震效应

按地质区域划分，场地处兰坪—保山地震带上，带内主要震区分布在六库、永平、保山丙麻及其以西地段。西侧为腾冲—龙陵地震区，历史上和近期均发生过多次强烈地震，东侧为中甸—大理—弥渡地震带，历史上亦发生过多次地震，兰坪—保山地震带位于澜沧江断裂及怒江断裂之间，场地处保山—永德上升区，和东西相比，其活动强度较弱，属区域地壳次不稳定区。本项目的抗震设防按《中国地震动参数区划图》规定的参数确定，按基本烈度 8 度设防。

5. 水文水资源

保山市河流分别属于澜沧江、怒江、伊洛瓦底江三大流域，均为国际河流。伊洛瓦底江流域的大盈江和瑞丽江两大水系干流发源于保山市西北部，澜沧江和怒江干流为过境河流。保山市境内集水面积 1 000 km^2 以上的河流 6 条，集水面积在 100～1 000 km^2 的河流 43 条，主要支流中右甸河属澜沧江流域，勐波罗河和大勐统河属怒江流域，槟榔江为大盈江上游，龙江（龙川江）为瑞丽江上游，叠水河大盈江左岸支流南底河上游。

6. 气候特征

保山属低纬山地亚热带季风气候，由于地处低纬高原，地形地貌复杂，形成"一山分四季，十里不同天"的立体气候。气候类型有北热带、南亚热带、中亚热带、北亚热带、南温带、中温带和高原气候共 7 个气候类型。其特点是：年温差小，日温差大，年均气温为 14 ~ 17 ℃；降水充沛、干湿分明，分布不均，年降雨量 700 ~ 2 100 mm。保山是"春城"。保山城依山骑坝，日照充足，年平均气温 15.5 ℃，最冷月平均气温 8.2 ℃，最热月平均气温 21 ℃，夏无酷暑，冬无严寒，四季如春。

1.3.4　主要施工方法

在本工程中，主要采用明挖现浇施工法。

1. 标准段及特殊段基坑围护方案

基坑的围护的型式根据基坑深度、结构类型、工程地质情况、场地限制条件、使用条件、施工工艺等确定，力求选用技术成熟、施工安全、造价合理、工期短、符合环保要求、利于文明施工的方案。

此次综合管廊的标准段及特殊节段的基坑开挖深度均在 5.2 m 左右，结合场地现状及土层性质，可以采用如下三种施工方案。

1）大开挖方案

管廊建设场地为现状道路，在管廊施工过程中，需要进行开挖浇筑主体结构，采用明沟排水，必要时辅以喷锚措施确保边坡稳定。

采用开挖施工方案的优点是：施工方便，不需要围护结构作业；施工周期短，便于机械化大规模作业；费用较低。建议在空旷区域的管廊采用大开挖施工。

采用开挖施工方案的缺点是：场地要求高，土方量开挖较大，对回填要求较高，拟建管廊距离现有建筑物较近，安全隐患较大。

2）拉森钢板桩支护方案

板桩墙围护结构适用于 5.5 m 左右的基坑深度，常用的板桩形式有等截面 U 形、H 形以及拉森型钢板桩等。

拉森板桩墙围护方案的优点：施工方便，施工周期短；技术成熟，场地要求较低；临时性结构的钢板桩可以拔出多次重复使用，降低成本；高质量（高强度，轻型，隔水性良好）；板桩与板桩之间锁口连接，具有一定的抗渗能力。

拉森钢板桩缺点：采用屏风式施打技术，对施工技术要求较高，费用相对常规钢板桩较高。

板桩墙围护方案的缺点：墙体自身强度较低，适用于 5.5 m 以内基坑深度；需要增加水平撑或锚碇。

在老城区，周边环境较复杂区域采用钢板桩支护施工。并根据基坑开挖深度在沟槽内部设置一道或二道钢支撑，平面上采用对撑的形式。

2. 倒虹段基坑围护方案

此次综合管廊的倒虹段的基坑开挖深度在 6.15 ~ 8.8 m，结合场地现状及土层性质，可选用的围护结构有 SMW（水泥土搅拌桩内插 H 形钢）和钻孔灌注桩两种形式。

1）SMW 工法方案

SMW 工法是指在水泥土搅拌桩内插入芯材，如 H 形钢、钢板桩或钢筋混凝土构件等组成的复合型构件。

SMW 工法的优点：墙体自身结构刚度较大，基础开挖引起的墙后土体位移较小；结构自身抗渗能力强。

SMW 工法的缺点：需加设围檩及支撑；施工周期较长；同时对施工设备要求较高，需专门设备进行施工；费用较高。

2）钻孔灌注桩方案

钻孔桩属于柱列式排桩结构，把钻孔桩并排连续起来形成的地下挡土结构。

钻孔桩的优点：排桩自身结构刚度较大，侧向变形小。

钻孔桩的缺点：结构本身不具备防水能力，需另外增设止水帷幕；施工周期较长；费用较高。

倒虹段管廊开挖深度较深（6.15 ~ 8.8 m），为了有效地控制基坑变形，同时尽可能提供较方便的挖土空间。考虑到型钢水泥土搅拌墙（SMW 工法）在保山地区并无普及应用，故本工程建设采用 $\phi800$ 钻孔灌注桩作为倒虹段基坑围护结构。根据基坑开挖深度最多拟采三道支撑，平面上采用对撑的形式。

顶圈梁为钢筋混凝土结构，混凝土强度等级 C35，圈梁截面 1 200×600；第二、三道围檩为双拼 H700×300×13×24 钢围檩。根据开挖深度不同以及现场安排，第一道支撑采用砼支撑，第二、三道支撑采用 Φ609×12 钢支撑。

3. 地基处理

由于管廊基础在局部路段落于②1 层粉质黏土，该层土很湿，软塑状。以黏性土为主，局部地段夹淤泥质土及有机质土，偶夹尚未完全炭化的植物残体，且压缩性大，对管廊沉降控制不利，为控制结构沉降，施工时需清除该软弱土层，若层厚较大部位可考虑采用搅拌桩加固处理，加固厚度 3 m。

4. 周边建筑保护措施

本工程施工过程中坑外沿线多层建筑均需要保护，具体保护措施如下：

对于靠近建筑物较近的节点（引出段、出入口、通风段等）的基坑槽壁进行注浆加固，控制好注浆配比、流量、压力和每次压注量。以严防开挖基坑时槽壁塌落而导致建筑物倾倒并防止注浆过程中引起建筑或设施的地基移动。

由于围护板桩价格昂贵，施工结束后都要拔出回收。在实际工程中经常发生因上拔板桩造成邻近建筑物下沉和裂缝，主要原因是桩拔出时经常会把一部分土体带出，形成一道狭长的间隙，这条间隙就提供了潜在破坏土体移动的充分条件。

所以，板桩施工前应在其表面涂抹沥青的润滑剂，降低桩、土之间的摩擦作用。拔桩次序采用间隔拔或分组拔，减少土体扰动作用。每拔出一根桩时立即将缝隙用砂灌实，然后再拔出第二根，使破坏区土体尽量缩小移动条件；最好是能做到拔灌同时进行，可事先打入注浆管，浆液可随拔桩及时进入空隙，效果更好。

2

城市地下综合管廊工程造价指标体系的构建基础

2.1 城市地下综合管廊工程造价的构成与计算

2.1.1 城市地下综合管廊工程造价的构成

综合管廊工程项目总投资是指为完成综合管廊工程项目建设并达到使用要求，在综合管廊工程建设阶段预计发生或实际投入的全部资金的总和。建设项目总投资包括固定资产投资和流动资金两部分。其中，固定资产投资部分即为综合管廊的工程造价，如图 2-1 所示。

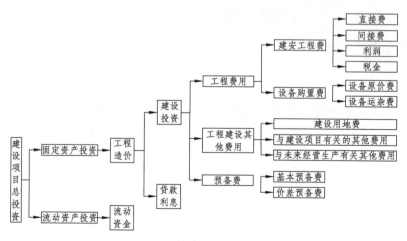

图 2-1　管廊工程造价构成

建设投资是综合管廊工程造价的主要构成部分，也是工程项目在建设期内投入和形成现金流的全部费用的统称。通常包括以下三个方面：工程费用、工程建设其他费用、项目预备费。工程费用为项目各方在整个项目建设流程中用于工程建设、设备采购及安装的建设投资费用，包括为建安费和设备购置费。建安费则是完成工程项目建造、项目运营所需的配套工程安装费用，具体来说是指花费在建筑工程和安装工程上的费用。建安工程费包括直接费、间接费、利润和税金。设备购置费是指在综合管廊工程中购置各种设备并将其运送到指定地点所发生的采购及运输费用的总和，由设备原价和设备运杂费两部分组成。工程建设其他费用是指建设期发生的但并不属于工程费用的其他相关费用，主要包括土地使用费、与项目建设有关的其他费用和与未来企业生产经营有关的其他费用几个方面。预备费包括基本预备费和价差预备费，是指在建设期内为各种不可预见因素的变化而预留的可能增加的费用。

2.1.2 城市地下综合管廊工程造价的计算

建设工程生产过程是一个周期长，资源消耗数量大的生产消费过程。从建设项目可行性研究开始，到竣工验收交付生产或使用，建设是分阶段进行的。在建设的不同阶段，工程造价有着不同的名称，包含着不同的内容。对于同一项工程，为了适应工程建设过程中各方经济关系的建立，适应项目的决策、控制和管理的要求，须要对其进行多次性计价。工程的多次计价有各不相同的计价依据，每次计价的精确度要求也各不相同，由此决定了计价方法的多样性。

任何计价方法的产生，均取决于研究对象的客观情况。建设项目处于不同阶段相应地采用不同的计价方法。但不管采用哪种估算或计算工程造价的方法，均是以研究对象的特征、生产能力、工程数量、技术含量、工作内容等为前提的。计算的准确程度，均取决于工程量和单价或基价是否正确、适用和可靠。由于影响造价的因素多，决定了计价依据的复杂性。计价依据主要可分为以下几类：第一类，设备和工程量计算依据，包括项目建议书、可行性研究报告、设计文件、相关的工程量计算规则、规范等；第二类，人工、材料、机械等实物消耗量计算依据，包括投资估算指标、概算定额、预算定额、消耗量定额等；第三类，工程单价计算依据，包括人工单价、材料价格、材料运杂费、机械台班费、概算定额、预算定额等；第四类，设备单价计算依据，包括设备原价、设备运杂费、进口设备关税等；第五类，措施费、间接费和其他费用计算依据，主要是相关的费用定额和指标；第六类，政府规定的税、费；第七类，物价指数和工程造价指数等工程造价信息资料。工程计价依据的复杂性不仅使计算过程复杂，而且需要专业人员熟悉各类依据，并加以正确应用。因此，工程造价的确定具有一定的复杂性和专业性。

1. 工程估算

投资估算是指在项目投资决策过程中，依据现有的资料和特定的方法，对建设项目的投资数额进行的估计。它是项目建设前期编制项目建议书和可行性研究报告的重要组成部分，是项目决策的重要依据之一。投资估算的准确与否不仅影响到可行性研究工作的质量和经济评价结果，而且也直接关系到下一阶段设计概算和施工图预算的编制，对建设项目资金筹措方案也有直接的影响。因此，全面准确地估算建设项目的工程造价，是可行性研究乃至整个决策阶段造价管理的重要任务。投资估算是在投资决策过程中，依据现有的资料和一定的方法，对建设项目未来发生的全部费用进行预测和估算。估算值与建设期末实际投资额的差异大小，反映了投资估算的精确度。而这一精确度的保证又取决于投资估算的阶段要求和掌握的资料详细程度，对于城市地下综合管廊工程，很大程度取决于工程造价指标的准确程度。投资估算是项目决策的重要依据之一，所以正确估算投资额是预测项目财务效益和经济效益的基础，也是保证项目顺利完成筹资和有效使用资金的关键。对于城市地下综合管廊工程建设项目，固定资产投资估算方法通常采用指标估算法。采用估算指标法时，前提条件是需要相对准确的估算指标，然后结合工程的具体情况进行编制。如果采用的指标与具体工程之间的标准或条件有差异时，会影响结果的准确性，通常需要进行换算或调整；同时，使用的指标单位应密切结合每个单位工程的特点，能正确反映其设计参数。在估算阶段，合理、合适和比较准确的指标的存在是估算相对准确的基础和依据。因此，依据影响住宅项目造价的因素和特点，建立系统的统一的指标体系是关键。

2. 工程概算

概算是在初步设计阶段，在投资估算的控制下，由设计单位根据初步设计或扩大初步设计图纸及说明、概算定额或概算指标、综合预算定额、取费标准、设备材料预算价格等资料，编制和确定建设项目从筹建至竣工交付生产或使用所需全部费用的经济文件。设计概算是设计文件的重要组成部分，在报请审批初步设计或扩大初步设计时，作为完整的技术文件必须附有相应的设计概算。采用两阶段设计的建设项目，初步设计阶段必须编制设计概算；采用三阶段设计的，技术设计阶段必须编制修正概算。设计概算的编制应包括编制期价格、费率、利率、汇率等确定静态投资和编制到竣工验收前的工程和价格变化等多种因素的动态投资两部分。静态投资作为考核工程设计和施工图预算的依据；动态投资作为筹措、供应和控制资金使用的限额。对于建筑工程概算的编制方法主要包括扩大单价法、概算指标法和类似工程预算法。

1）扩大单价法

如果初步设计深度足够，图纸清楚，能够计算工程量，可以根据初步设计图纸或扩大初步设计图纸和概算工程量计算规则，计算工程量，可以采用扩大单价法。有些无法直接计算的零星工程，如散水、台阶等，则按主要工程费的百分率计算。

2）概算指标法

如果初步设计深度不够，图纸深度不能较准确地计算工程量，但工程采用的技术比较成熟且有类似概算指标可以利用时，可采用概算指标来编制工程概算。如初步设计的工程内容与概算指标规定内容有局部差异时，必须先对原概算指标进行修正，然后用修正后的概算指标编制概算。修正的方法是从原指标的单位造价中减去应换出的设计中不含的结构构件单价，加入应换入的设计中包含而原指标中不含的结构构件单价，就得到修正后的单位造价指标。

3）类似工程预算法

如果工程设计对象与已建成或在建工程项目类似，结构特征也基本相同，或者无完整的初步设计方案和合适的概算指标，可采用已建类似工程结算资料，计算设计工程的概算价格。类似工程预算法是用类似工程的结算或决算资料，按照编制概算指标的方法，求出单位工程的概算指标，再按概算指标法编制设计工程概算。利用类似工程编制概算时应考虑到设计对象与类似工程的差异，这些可用修正系数加以修正。当设计对象与类似工程的结构构件有部分不同时，还应增减不同部分的工程量，然后再求出修正后的总概算造价。

3. 工程预算

施工图预算是由设计单位或其他机构在施工图设计完成后，根据施工图设计图纸、预算定额、费用定额以及地区设备、材料、人工、施工机械台班等预算价格编制和确定建筑安装工程造价。施工图预算有单位工程预算、单项工程预算和建设项目总预算。单位工程预算是根据施工图设计文件、预算定额、费用定额以及人工、材料、设备、机械台班等预算价格资料，编制单位工程的施工图预算；然后汇总所有各单位工程施工图预算，成为单项工程施工图预算；再汇总各所有单项工程施工图预算，便是一个建设项目建筑安装工程的总预算。

单位工程预算包括建筑工程预算和设备安装工程预算。我国现阶段的工程预算造价计价的两种方法包括工料单价和综合单价的计价方法。

1）工料单价计价法

工料单价法是一种不完全单价的计价形式，主要利用国家或地区定额计算直接费或人工、材料和机械台班消耗量，进而计算出工程造价。这是政府定价的一种计价模式，因为全国统一定额和地区统一定额或单位基价表在各分部分项工程定价过程中，规定了人工、材料、机械台班的消耗数量，有的还规定了定额编制发布时的人工、材料、机械费用和基价，即直接费单价。工料单价法是目前施工图预算普遍采用的方法。

它是根据建筑安装工程施工图和预算定额，按分部分项的顺序，先算出分项工程量，然后再乘以对应的定额基价，求出分项工程直接工程费。将分项工程直接工程旨汇总为单位工程直接工程费，直接工程费汇总后另加措施费、间接费、利润、税金生成施工图预算造价。

2）综合单价法

工程量清单计价方法是一种国际上通行的计价方法。工程量清单计价方法计算单位工程造价的基本思路是，将反映拟建工程的分部分项工程量清单、措施项目清单、其他项目清单的工程数量，分别乘以相应的综合单价，即可分别得出三种清单中各子项的价格，将三种清单中的各子项价格分别相加，即分别得出三种清单的合计价格。最后将三种清单的合计价格相加，再加上一些综合单价未包括的费用，即可得出拟建工程造价。综合单价法与工料单价法相比较，主要区别在于综合单价法中，间接费和利润等是用一个综合管理费率分摊到分项工程单价中，从而组成分项工程全费用单价，某分项工程单价乘以工程量即为该工程的完全价格。

但目前采用的工程量清单计价方法是一个不完整综合单价，即工程量清单的综合单价只包括人工、材料、机械、管理费、利润和适当的风险因素，未包括建安费组成中的规费和税金。因此，目前采用的工程量清单的综合单价的计算方法与上述规定存在一定的差异。

3）两种计价方法的计价程序

由于在确定分部分项工程单价时，工料单价法与综合单价法所包括的费用不同，并且都不是完整的全费用单价。因此，用分部分项工程的工程量乘以该分部分项工程单价，然后将所有分部分项工程的费用相加，并不是完整的建安费。相应的，为了完整计算建安费，需要增加或补充单价中未包括的费用项目，因此，这两种方法都有各自的计价程序。特别对于工料单价法，即定额的方法，一定额单价中只包括人工、材料和机械费用，因此，需要再计算间接费、利润等。不同地区在计算这些费用的方法与规定存在差异，因此，不同地区在计算建安费的程序和方法上存在一定差异。对于综合单价法，即工程量清单的计价方法，采用了综合单价，但由于我国目前采用的综合单价不是完整的综合单价，仅包括人工费、材料费、机械使用费、管理费、利润和适当的风险因素。

将目前我国实行的工程量清单计价与定额计价两种方法进行对比发现，目前这两种方法在确定单价的思路和方法方面存在一致的地方，但清单的方法强调单价由企业自己确定，定额的方法是政府确定单价和总费用。在计价模式方面，两种方法存在区别。在进行工程预算时，分部分项工程单价的确定由政府确定，逐渐转移到由企业自主定价。但在具体进行单价确定和费用计算时，清单和定额两种方法的思路基本是一致的，都需依据人工、材料和机械消耗量和相应的人工、材料和机械单价进行直接费单价的确定。而目前企业没有系统的数据收集和整理渠道和方法，很多时候还是需要依赖政府提供的一些定额数据。市场化确定工程单价和工程造价的目的，没有完全达到。

从以上我国目前的工程造价的确定方法上可以看到，由于目前没有更多的确定综合单价的渠道与方法，造成工程量清单这种计价模式——由市场决定价格，企业自主定价的特点没能充分发挥。

因此，建立一套工程造价数据采集的标准，收集建立一系列的造价指标和指数，是目前工程量清单计价所需要的，也是在进行估算和概算时所需要的。

2.2 城市地下综合管廊工程造价指标的构建原则及方法

2.2.1 城市地下综合管廊工程造价指标的构建原则

在设计造价指标时，依据工程造价相关理论基础，结合城市地下综合管廊工程建设的技术特征与经济特性，从影响造价的多个维度因素分析入手，开展城市地下综合管廊工程静态造价指标设计与构建工作，由于静态造价指标设计时无需考虑时间价值因素，且静态指标构建的途径不同于动态造价指标通过指数法间接获得的构建途径。静态造价指标构建主要从静态投资构成费用入手，将影响造价主要费用指标在技术层面并结合工程所处建设环境因素降解分析影响造价的关键因素，并基于造价关键影响因素合理地设计并构建静态造价指标。然而，由于当前新技术的不断应用，其技术方案复杂性、建设环境多样性，导致指标构建时需要考虑的静态造价影响因素众多，如果将静态造价影响因素逐一设计进静态造价新指标中会造成静态造价指标体系繁杂。显然，在将诸多静态造价指标用于待建设城市地下综合管廊工程前期投资决策阶段的估算时，会造成造价指标不统一，估算造价确定标准不一致，使得投资方案比较分析效率低下等情况，不便于相关造价人员对投资估算的合理确定与控制。因此，本书有必要开展城市地下综合管廊工程静态造价新指标的构建研究，并构建出符合城市地下综合管廊工程精益化管理的造价指标。那么这就要求所构建的造价指标应包含城市地下综合管廊工程全过程精益化管理要素，只有符合精益化管理思想的造价指标才能贴切地反映出城市地下综合管廊工程造价精益化管理实际情况，为城市地下综合管廊工程项目做出各项正确的判断和决策提供重要的定量依据。另外，考虑造价指标作为工程造价精益化管理工具，也要求本文所构建的造价指标及相应构建方法都应在现实工程精益化管理中具有可操作性和可行性，尽量避免过于庞大的指标群和层级，要便于数据采集和整理，且指标计算方法较容易掌握，造价人员容易执行。综合上述分析，建立的工程技术经济指标应能准确评价工程方案的技术、经济情况，同时具有定量、易于操作的特点，为保证该技术经济指标的科学、客观、全面，应遵循如下原则：

1）科学、实用性原则

科学性是任何指标体系建立的重要原则，主要体现在指标体系能够全面、客观、真实地反映城市地下综合管廊工程的技术经济状况同时又要避免指标间的重复，使造价指标充分体现工程的造价特点。指标的设置要简单明了，容易理解，要考虑数据取得的难易程度和可靠性，尽可能选取施工管理人员熟悉且易于掌握的指标。

2）典型代表性

城市地下综合管廊工程技术经济指标建立的目的就是对已定典型工

程特点、典型工程结构类型下的工程数量、造价特点进行分析。在选取城市地下综合管廊工程典型工程技术经济指标体系选取时，应保证选取的指标能真正反映城市地下综合管廊工程技术经济的现状，以实现对今后类似工程的技术方案决策提供指导。

3）可操作性

城市地下综合管廊典型工程选取的技术经济指标，应保证指标能够利用实际工程中的数据测算同时，考虑到指标的定量化、数据的可靠性和可获得性，设计的指标体系应简明清晰，且易于操作、理解。

4）通用性、可比性原则

构建的造价指标体系，既应客观地反映同一工程不同方案的造价状况，又应客观反映同一方案不同地区的造价水平，要有通用性、可比性。因此，造价指标体系的建立，应充分考虑不同工程不同方案的差异性，尽量选取可以通用的指标，同时要注意保持各个指标在时间上的可比性。

5）独立性原则

选取的各个评价指标的含义应当明确，不能用多个指标来表达相同或相似的内容，保证各指标之间具有相互独立性，避免指标之间的包含关系，以消除结果因指标间的相关关系而产生倾向性，人为地夸大城市地下综合管廊工程造价管理的相关特点，以便最大限度地保证城市地下综合管廊工程的技术经济状况尽可能的真实。

6）动态性原则

随着科技的进步，城市地下综合管廊工程造价管理将不断向前发展。某个时期反映城市地下综合管廊工程造价管理的重要指标，在另一个时期可能会将为次要指标，甚至可以忽略。因此选取的指标应能够反映城市地下综合管廊工程造价的动态变化情况，并根据时间能够实现动态调整。

7）简明性原则

在给出决策所需要的信息的前提下，应突出主要指标属性，尽量减少指标个数，达到满足控制目标的要求。因为过于繁多的造价指标会导致实际造价控制工作变得过于复杂，不利于造价控制工作的合理性开展。另外，通过精简化的指标设计，可以有效地保证各指标间的独立性，使指标的选择方面充分而必要。

8）客观性原则

确定造价指标的过程应避免或减少主观意愿，但必要时还需要征集社会各方面的意见，同时尽可能保证确定造价指标设计人员的代表性、权威性、广泛性与独立性，尽量明确造价指标的内涵。

2.2.2　城市地下综合管廊工程造价指标的构建方法

1. 构建思路

本文基于城市地下综合管廊建设中的工程量清单计价模式，通过对已选典型工程施工工艺、影响因素及工程特点进行分析，确定出既能够反映出实际施工环境、工程规模等客观情况，又能反映出工程量、造价等消耗量的技术经济指标同时，征求来自高等院校、工程设计、工程造价管理监督部门、项目建设单位、项目施工单位等的专家意见，对指标体系进行优化，并结合城市地下综合管廊工程项目数据资料，形成城市地下综合管廊造价指标的合理范围值。造价指标总体构建思路如图 2-2 所示。

图 2-2　造价指标构建思路

2. 造价指标构建方法

技术经济指标在各阶段设计中比比皆是，同时对应存在工程量指标，即以工程量大小表现工程规模。工程的经济性可由两组数据体现：一是标志单位工程价格特征的工程造价指标，二是标志实物单位数量特征的工程量指标。在每个建设项目各设计阶段不同的时期中，工程造价都在进行工程量指标和工程造价指标的分析，在其分析过程中可大量的借鉴和类比同类工程横向、前后阶段纵向的工程量指标和工程造价指标进行比较，才能得出最有效的分析结果。

工程造价指标可以从多个角度进行分类，按照指标综合对象的范围可以划分为建设项目造价指标、单项工程造价指标、单位工程造价指标和分部分项工程造价指标按照指标的性质可分为技术指标、工程量指标、造价指标和造价比例按照指标数据的来源可以分为原始性指标和统计性指标按照指标系统的层次可分为控制性指标和基本指标。为了在构建造价指标体系的过程当中，能够保证保山市明挖现浇城市地下综合管廊特征构造物工程的造价指标体系的真实合理性，根据项目实际情况提出一下四个相结合：

1）定量与定性相结合

采用定量与定性相辅相成的原则构建明挖现浇城市地下综合管廊造价指标体系时，充分考虑设计、施工、管理各个环节可能造成影响的每一个因素，保证造价指标体系的客观真实性。

2）全面与重点相结合

构建起来的保山市明挖现浇城市地下综合管廊特征构造物造价指标体系，既要能全面反映保山市综合管廊工程造价特征的实际情况，还要能突显特征的重点，从而使得该造价指标体系便于使用。

3）理论与实际相结合

充分考虑反映工程实际、工程环境、地形地貌、水文条件等客观情况和定额规范、设计文件、批复的造价文件和往年历史数据资料等相关依据相结合，从而构建一套客观、真实的保山市明挖现浇城市地下综合管廊工程造价指标体系。

4）科学研究与专家咨询相结合

造价指标体系初步完成后，多多征求有关行业各单位专家的建议和意见，进一步优化该指标体系，建立真实、客观且具有一定权威的保山市明挖现浇城市地下综合管廊特征构造物造价指标体系。

2.3 保山城市地下综合管廊工程特征与造价数据采集标准

2.3.1 保山城市地下综合管廊工程特征

在云南省纵横起伏的高原山地之中，断陷盆地星罗棋布。据统计云南的地貌相对平缓的山区仅仅只占云南总面积的10%左右，大范围面积土地纵横起伏，高低参差不齐，一些地方又出现和缓的高原地面。滇西纵谷山区，高黎贡山山区怒江与伊洛瓦底江的分水岭之上的高山顶部，常年积雪不化，形成雄伟壮观、奇行怪异的山岳冰川地貌。云南全省分为三个阶梯，平均每千米递降6 m。第一阶梯为滇西北香格里拉市和德钦一带，滇中高原为第二阶梯，第三阶梯为南部、东南和西南部。云南也是我们国家一个非常大的地质博物馆。云南禄丰的早期侏罗纪地层中曾经出土过大量留存较为完整的蜥脚类恐龙化石，现在已经在禄丰县城建成了恐龙博物馆提供游客参观。云南东川也是我国著名的"泥石流博物馆"，这里由于早期不科学地大规模地开采铜矿，再加上地形、气候等原因的影响，泥石流现象比较典型，形成了比较大范围地段频发大规模的泥石流。因此，山区城市地下综合管廊地形和地质复杂是其主要特征。

云南省气候有南亚热带、北热带、中亚热带、中温带、暖温带、北亚热带和高原气候地区等多个温度带气候类型。云南省气候兼具季风气候、山区高原气候和低纬气候的特点。主要表现为：年温差小，日温差大；气候的垂直变化和区域差异；当日的温度变化是早晚凉，中午热，尤其是春、冬两季，日温差可以达到12～20 ℃；降水充沛，分布不均，干湿分明。云南省大部分地区年降水量在1 100 mm，南部部分地区可达到1 600 mm以上。但因为冬、夏两季受不同大气环流的影响和控制，降水量在地域上和季节上的分配是极其不均匀的。

种种因素，对保山市综合管廊的设计和施工造成了很大的不便。下面从山区城市地下综合管廊地形地质勘测、技术指标、技术标准、路线方案、环境保护、工程方案六个角度结合上述特征分析研究保山市综合管廊工程造价指标。

1）地形地质勘测

云南省为高山崇岭地区，并且位于欧亚地震带侧缘，地势切割深导致横纵坡较陡加上海拔变化波动巨大。同时还具有岩溶、软土、采空区、液化土、盐渍土等不良地质情况，还时常遇到严重风化的岩石、大范围和长时间降雨等情况。泥石流、地震、滑坡、崩塌等自然灾害频频发生。综上所述原因导致了保山市综合管廊的地勘资料的准确性比较低。

2）技术指标

保山市综合管廊工程的技术指标对自然条件及工程布置有较大的影响，突出结合技术指标和自然条件均衡，在满足使用功能的前提下尽可能降低造价。

3）技术标准

保山市综合管廊工程在充分考虑所在地区自然环境的条件下，还要满足所在地区的城市规划来拟定其技术标准。

4）路线方案

保山市综合管廊工程路线方案布设考虑技术指标、工程造价、城市规划和自然环境保护等因素进行总体分析研究。

5）环境保护

虽然云南的植被茂盛，但是生态脆弱，并且云南省以旅游作为发展核心，政府对环境保护特别重视。

6）工程方案

保山市综合管廊工程方案的变更多，在制定路线方案的时候常常受到不良地质情况、高填深挖等制约和影响而改变设计，这完全不同于平原地区综合管廊制定总体路线后极少因为某一部分工程方案变化而改变总体路线的走向。

2.3.2 保山城市地下综合管廊工程分类

参考保山市综合管廊工程建设特征按照标准段工程、通风段工程、出入口段工程、端井段工程、吊装口段工程、管线分支口段工程、分变电所工程、交叉口工程、倒虹吸工程分类，将其基本概况资料收集整理包括如下：

（1）标准段工程：项目编号、项目名称、管廊类型、设计单位、监理单位、建设单位、施工单位、管廊代码、起终点桩号、征地拆迁数量、地区类别、地形地貌、新（改）建长度、管廊基底宽度、管廊结构、管廊基底换填土石方量、混凝土方量、基础模板方量、合成高分子防水卷材三元乙丙橡胶卷材数量、预埋铁件数量、钢支架数量、脚手架数量、室外接地母线敷设数量、管廊断面、设计荷载、取费标准、主要构筑物设置情况、标段划分、质量等级、计划工期、建设工期、开工时间等。

（2）通风段工程：项目编号、项目名称、管廊类型、建设单位、监理单位、设计单位、施工单位、通风段代码、通风段长度、地形地貌、地区类别、征地拆迁数量、通风段基底宽度、通风段结构、通风段基底换填土石方量、混凝土方量、基础模板方量、合成高分子防水卷材三元乙丙橡胶卷材数量、预埋铁件数量、预制构件钢筋数量、钢百叶窗数量、钢支架数量、角钢接地极数量、脚手架数量、室外接地母线敷设数量、防火防烟阀数量、液压井盖数量、通风段断面、设计荷载、主要构筑物设置情况、取费标准、质量等级、计划工期、建设工期、开工时间等。

（3）出入口段工程：项目编号、项目名称、管廊类型、建设单位、监理单位、设计单位、施工单位、出入口段代码、出入口段长度、地区类别、地形地貌、征地拆迁数量、出入口段基底宽度、出入口段结构、出入口段基底换填土石方量、混凝土方量、基础模板方量、合成高分子防水卷材三元乙丙橡胶卷材数量、实腹钢柱制作量、钢结构刷漆数量、垂直钢扶梯数量、板式钢扶梯数量、金属构件运输量及运距、预埋铁件数量、防火门数量、钢支架数量、角钢接地极数量、脚手架数量、室外接地母线敷设数量、出入口段断面、设计荷载、主要构筑物设置情况、取费标准、质量等级、计划工期、建设工期、开工时间等。

（4）端井段工程：项目编号、项目名称、管廊类型、建设单位、监理单位、设计单位、施工单位、端井段代码、端井段长度、地区类别、地形地貌、征地拆迁数量、端井段基底宽度、端井段结构、端井段基底换填土石方量、混凝土方量、基础模板方量、预制构件钢筋数量、合成高分子防水卷材三元乙丙橡胶卷材数量、钢百叶窗数量、预埋铁件数量、钢支架数量、角钢接地极数量、脚手架数量、室外接地母线敷设数量、管廊断面、设计荷载、主要构筑物设置情况、取费标准、质量等级、计划工期、建设工期、开工时间等。

（5）吊装口段工程：项目编号、项目名称、管廊类型、建设单位、监理单位、设计单位、施工单位、吊装口段代码、吊装口段长度、地区类别、地形地貌、征地拆迁数量、吊装口段基底宽度、吊装口段结构、吊装口段基底换填土石方量、混凝土方量、基础模板方量、预制构件钢筋数量、矩形盖板预制量、玻璃钢盖板数量、合成高分子防水卷材三元乙丙橡胶卷材数量、钢结构刷漆数量、垂直钢扶梯数量、金属构件运输量及运距、预埋铁件数量、钢支架数量、角钢接地极数量、脚手架数量、室外接地母线敷设数量、吊装口段断面、设计荷载、主要构筑物设置情况、取费标准、质量等级、计划工期、建设工期、开工时间等。

（6）管线分支口段工程：项目编号、项目名称、管廊类型、建设单位、监理单位、设计单位、施工单位、管线分支口段代码、管线分支口段长度、地区类别、地形地貌、征地拆迁数量、管线分支口段基底宽度、管线分支口段结构、管线分支口段基底换填土石方量、混凝土方量、预制构件钢筋数量、基础模板方量、合成高分子防水卷材三元乙丙橡胶卷材数量、实腹钢柱制作量、钢结构刷漆数量、金属构件运输量及运距、预埋铁件数量、钢支架数量、角钢接地极数量、脚手架数量、室外接地母线敷设数量、管线分支口段断面、设计荷载、主要构筑物设置情况、取费标准、质量等级、计划工期、建设工期、开工时间等。

（7）分变电所工程：项目编号、项目名称、管廊类型、建设单位、监理单位、设计单位、施工单位、分变电所代码、地区类别、地形地貌、征地拆迁数量、分变电所基底宽度、分变电所结构、分变电所基底换填土石方量、混凝土方量、预制构件钢筋数量、基础模板方量、合成高分子防水卷材三元乙丙橡胶卷材数量、实腹钢柱制作量、钢结构刷漆数量、金属构件运输量及运距、预埋铁件数量、钢支架数量、角钢接地极数量、脚手架数量、室外接地母线敷设数量、管廊断面、设计荷载、主要构筑物设置情况、取费标准、质量等级、计划工期、建设工期、开工时间等。

（8）交叉口段工程：项目编号、项目名称、管廊类型、建设单位、监理单位、设计单位、施工单位、交叉口段代码、交叉口段长度、地区类别、地形地貌、征地拆迁数量、交叉口段基底宽度、交叉口段结构、交叉口段基底换填土石方量、混凝土方量、基础模板方量、合成高分子防水卷材三元乙丙橡胶卷材数量、预埋铁件数量、钢支架数量、脚手架数量、室外接地母线敷设数量、交叉口段断面、设计荷载、主要构筑物设置情况、取费标准、质量等级、计划工期、建设工期、开工时间等。

（9）倒虹吸段工程：项目编号、项目名称、管廊类型、建设单位、监理单位、设计单位、施工单位、倒虹吸段代码、倒虹吸段长度、地区类别、地形地貌、征地拆迁数量、倒虹吸段基底宽度、倒虹吸段结构、倒虹吸段基底换填土石方量、混凝土方量、基础模板方量、合成高分子防水卷材三元乙丙橡胶卷材数量、预埋铁件数量、钢支架数量、脚手架数量、室外接地母线敷设数量、倒虹吸段断面、设计荷载、主要构筑物设置情况、取费标准、质量等级、计划工期、建设工期、开工时间等。

2.3.3 保山城市地下综合管廊工程造价分析资料构成

项目各个建设阶段的编制和批复造价，除了包含各个工程建设阶段按照工程项目划分的估算、概算、预算、决算金额以外，还包含其中的标准段工程、通风段工程、出入口段工程、端井段工程、吊装口段工程、管线分支口段工程、分变电所工程、交叉口工程、倒虹吸工程、电气工程、监控及其他设备等，同时注意统计综合管廊项目估算、概算、预算、决算编制时间及批复时间等内容的编写更加合理规范的分析表格。

综合管廊工程建设项目基本造价数据皆是经过审批后的造价数据资料，包含综合管廊工程建设过程当中的全过程造价数据资料，其中包括项目建议书、可行性研究估算、初设计概算、施工图预算和竣工结算的造价资料，辅助参照招投标控制价、计算价和合同价。除了以上这些造价数据资料外，还需要单位工程、单项工程和包括新设备材料、新技术、新工艺等分部分项工程造价数据资料来体现保山市明挖现浇城市地下综合管廊工程建设项目的特征。为了保证数据资料的真实可靠，还要求组成的造价数据资料不仅价格准确而且还要数量够多。

（1）投资估算、概算、预算及决算中各项费用组成所占总造价的比例。

（2）人工、材料、机械设备台班工程数量。

（3）按照项目费用构成的各个阶段造价数据资料。

（4）云南各州市拆迁、占地方面的资料。

（5）人工、材料、施工机械设备台班单价数据资料。

（6）国内招标范本格式的标底、结算价以及合同价等数据。

（7）市政基础建设项目全过程造价指标的各种报表。

（8）分类造价资料：把综合管廊工程项目按照概、预算编制办法及定额的深度和标准保持一致，收集并录入造价数据资料，便于提高造价数据资料的使用价值和利用率。包括以下内容：标准段工程、通风口段工程、出入口段工程、端井段工程、吊装口段工程、管线分支口段工程、分变电所工程、交叉口工程、倒虹吸工程、电气工程、控及其他设备。

（9）建设过程中的材料价格调差、设计变更以及历史经验教训对工程造价产生的影响。

3

城市地下综合管廊工程造价指标体系的构建

3.1 城市地下综合管廊工程造价指标的分类构建标准

3.1.1 城市地下综合管廊工程造价指标的需求分析

投资方或者业主方科学合理的使用工程造价指标体系，则可以较为准确的预估城市地下综合管廊项目的投资费用，从而使后续的综合管廊工程建设管理工作顺利开展。乙方或者施工单位、设计单位、材料供应商等科学合理地使用工程造价指标，则可以弄清综合管廊工程造价，从而有利于开展材料采购、设计、施工等相关工作。如果要满足综合管廊工程各个建设方的需求，就必须保障造价指标体系的真实和完整。

1. 造价指标选取分析

切合实际的综合管廊工程造价指标要反映出量与价的真实情况，即管廊构造物工程的造价特征，综合管廊工程技术特征（如断面形式、施工方法、基坑围护及安全等级等）对综合管廊工程建设的规模产生了影响，并且还决定了其造价特征。因此要建立经济指标与工程量相互协调的综合管廊工程技术特征的指标体系。

综合管廊构造物工程相比其他构造物工程存在差别，因此要选取具有适用于综合管廊表现特征的指标，建筑面积指标和建筑体积指标虽然容易确定进行的建筑工程造价的特征，还能够非常好的反映建筑规模不同而造成的影响，但是不太适用于综合管廊工程线性的特点，综合管廊工程指标选用"米"或"延米"等相对符合综合管廊建设工程指标的特点，建筑面积指标可以作为辅助参考。

2. 造价指标体系结构分析

建立典型构造物造价指标体系要能够准确明了地反映对工程造价影响较大的主要部分，来满足综合管廊建设各个参建单位使用者的实际需求。因此，不同工程特征下的构造物，工程造价指标体系不仅要同时满足细和全两个最基本的要求，还要在反映总造价情况的需求下差别明显、层次分明、重点突出。

1）差别性

构造物工程之间因为各种因素的影响从而导致存在差异性，工程造价指标体系中的各个指标要能够清楚准确地表现出该项特性反映在如下几个方面：一是规模不同而带来的造价差别；二是结构不同而带来的造价差别；三是施工条件不同而带来的造价差别；四是施工工艺不同而带来的造价差别。

2）层次性

保山市综合管廊典型构造物的系统层次性，由于不同的分部分项构成单位工程的各种差异，在结构和功能、地位和作用上呈现出一定的层次性。分部分项工程的指标、单位工程的指标等对于使用者来说关注的需求不一样，重点也不一样。因此，建立造价指标体系要分层次满足综合管廊工程建设不同参建方使用者的需求。

3）重点性

从控制工程造价的角度而言，构造物工程造价指标最重要的作用就是估测相对准确的工程造价。所以着重分析研究分部分项工程造价对工程总造价影响很大的情况，抓住着重要害点有利于综合管廊各参建单位对工程造价的控制和管理。

3.1.2 城市地下综合管廊工程造价指标的分类

工程造价指数的分类有多种不同的标准。按照不同标准分类，造价指数的分类也是不一样的，本项目研究根据工程的用途和范围来分类，具体可以分为如下六类：

1）综合指标

综合指标是综合反应工程项目报告时期价格对于基期工程造价变化程度大小的指标，是各类工程造价指标的汇总。不同结构形式的明挖现浇城市地下综合管廊（单仓、双仓、三仓、四仓）综合造价指标可综合形成综合造价指标，综合造价指标是研究工程造价总水平变化趋势和程度的主要依据。

2）分类造价指标

分类造价指标是综合反映工程项目各类工程报告时期价格对于基期工程造价变化程度大小的指标，是各专项工程造价指标的汇总。有建筑安装工程类造价指标、工程相关费用类造价指标、设备购置费类指标和预备费类造价指标和新增费用类造价指标等。

3）专项造价指标

专项造价指标是分别反映明挖现浇城市地下综合管廊各专项工程的报告时期对于基期造价变化程度大小的指标，包括：标准段工程、通风段工程、出入口段工程、吊装口工程、管线分支扣工程、分变电所工程、交叉口工程、倒虹吸工程等。

4）分部造价指标

针对一个单项工程所包括的不同专业分部工程的报告时期相对于基期造价变化程度大小的指标，有临建工程、土方工程、基坑工程、结构工程等几类专项造价指标。

5）价格指标

价格指标即是构成工程造价的组成要素（包括人工费、材料费和机械使用费、征地土地价格、拆迁价格、措施费等）在报告时期的价格与基期价格的比值，反映了这类要素在不同的时期相对于基期价格波动的情况。

6）工程量指标

单位工程的某要素（如每千米征地土地数量、每千米拆迁数量、每延米混凝土数量、每延米钢筋用量、每延米人工数量等）在报告时期的数量和基期数量的比值，反映了此要素在不同的报告时期和基期数量波动的情况。

3.1.3　城市地下综合管廊工程造价指标的构成

除了通过以上对确立的典型构造物的整体分析以外，还要对其做出更加细致的划分，如标准段工程，除按单仓、双仓、三仓、四仓标准段进行划分，还要对不同结构形式的标准段工程以及分部分项工程的量与价进行具体分析。在上述划分的基础之上，突出相应的重点指标。保山市明挖现浇城市地下综合管廊典型构造物工程造价指标体系的组成如图3-1所示。

1. 综合指标与分项指标

综合指标是能总体反映出单项工程人工、材料、机械设备等消耗情况的指标，体现了综合管廊工程的总造价水平。该指标对于项目的投资分析常用于工程建设规模、工程经济、工程发展规划等研究。

分项指标体现综合管廊工程分项工程的人工、材料、机械设备等消耗情况的指标。该指标常用于编制综合管廊工程建设成本、比选方案、工程估算等研究。

上面两个指标应该相辅相成，从而构成一个完整的造价指标体系。如果单独考虑其中任意一个指标都不能客观反映综合管廊工程造价的真实情况。

2. 工程量和经济指标

造价指标要充分体现出保山市综合管廊工程量大、造价高的特点，体现工程造价特点的经济指标和体现综合管廊工程单位数量特征的工程量指标可以反映出保山市综合管廊的造价特点。这两个指标也是相辅相成，缺少任意一个都不能反映出综合管廊工程量、价水平对其造价的真实情况。

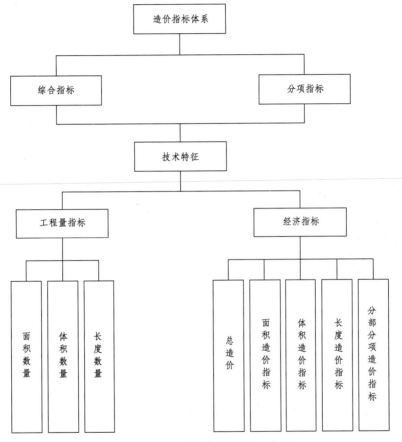

图 3-1　工程造价指标体系组成图

工程量指标体现综合管廊的工程量和工程规模的关系。该指标常用于预测工程量和分析综合管廊工程成本等。

经济指标体现综合管廊工程费和工程规模的关系。该指标常用于分析人、材、机价格和单位造价因素等。

3.2 城市地下综合管廊工程造价特征分析

3.2.1 城市地下综合管廊工程设计特征分析

根据城市市政公用管线布局规划，以城市道路地下空间综合利用为核心，对综合管廊进行科学合理布局及优化配置，采用先进的工程技术，确定科学合理可行的综合管廊系统规划。按以下设计原则特征，力求打造一批集约化的、相对经济的、具有超前性、合理性、实用性、综合性的国内一流、国际先进的城市地下综合管廊系统。

（1）综合管廊工程应当与各类市政公用事业管线和道路交通的专业规划相结合进行设计。

（2）纳入综合管廊的管线，应当符合各个主管部门而制定的运营维修管理要求。

（3）综合管廊的断面设置要在满足运营维修管理要求的基础之上，尽量紧凑、合理，并以最佳的断面形式与路线的组合方案来体现设计方案的经济性。

（4）除断面布置外，配套设施采用先进可靠的技术和设备，并考虑各个特殊部位的结构形式和分支走向等配置。

（5）综合管廊宜尽可能地布设在道路绿化带或人行道路之下，开槽的时候要覆土一般应>2 m，顶管的时候覆土一般应>2 m，在街道（坊）进出口、交叉路口等穿越车道处，覆土一般应>2.5 m。

（6）综合管廊工程应适当考虑维修人员和器材进出以及各种管线分支口的特殊构造接口。

（7）综合管廊工程需要考虑设置给排水、供配电、通风、照明、监控系统等附属配套设施，并且根据需要布设必要的消防设施。

（8）综合管廊项目的土建结构和附属配套设施应当配合城市地下综合管廊工程一次性设计建设到位，管廊所纳入的各种公共管线可以按照地区发展逐步铺设。

1. 标准段工程设计特征

保山市地形地貌环境复杂多变并且操作空间极其有限，从而导致地下综合管廊在设计过程之中技术标准和指标偏低，管廊基底直接承受自然因素及荷载作用是管廊的重要构成部分。如果铺装好的基底可以使得环境因素及管廊自身荷载与管廊保持稳定状态的作用。保山市综合管廊轴线地形起伏比较大并且水文地质环境复杂，导致管廊容易出现不均匀沉降甚至变形等危害。在保山市明挖现浇城市地下综合管廊标准段设计过程当中，为了避免上述这些情况，保山市综合管廊标准段工程通常有如下特征：技术标准和指标选择偏低；基坑边坡防护加固工程量大并且要求较高；排水设施完善性的要求比较高；结构强度和刚度要求高；常常由于受不良地质灾害的影响，从而引起工程病害增加了运营维修费用；因为海拔高，从而导致多雨多雾的恶劣气候环境并使其钢材容易受潮；保山市综合管廊标准段工程设计变更不可避免。

2. 通风口段工程设计特征

通风段是综合管廊内进、排风口及人员紧急出入口的功能。当综合管廊系统启动屋顶轴流风机的时候，管廊内部的空气集中从排风口排出，同时从进风口处换入新鲜的空气，从而使得综合管廊内部的空气保持清新。通风口段于进风口和排风口之间设置防火门一座，同时为缩短人员应急出口的间距，通风口处布置垂直爬梯，供维修、巡查人员紧急撤离之用。通风口位于综合管廊上方，四周安装防雨百叶窗。顶板布置由内向外单向开启自动液压井盖。

综合管廊可采用半横向式、射流风机诱导纵向式及集中送、排纵向式等机械通风方式。其中，前两者均需在综合管廊内设置射流风机或通风管，对沟内的空间资源占用较多，而集中送、排纵向式机械通风可在综合管廊两端设置机房，不占用管内空间，且实际运行中较前两者更为节能。本工程各综合管廊管段按 200 m 左右分区设置，根据计算，通风阻力较小，高压电力舱及电力电缆舱拟采用机械排风、自然进风方式以满足沟内的散热通风及换气次数的要求，给排水舱和燃气舱拟采用机械排风、机械进风的方式以满足沟内的散热通风及换气次数的要求。综合管廊按 200 m 一个防火分区划分通风区段，具体设计为每个通风区段两端为综合管廊通风口，每个通风口处独立设置的进排风系统，并采用进风室与排风室结构合建的形式。每个通风区段相邻两个通风口"一进一出"对该段管廊进行换风。保山市综合管廊通风段工程特征有：基坑边坡防护加固工程量大并且要求比较高；排水设施的完善性要求比较高；结构强度和刚度要求高；常常由于受不良地质灾害的影响，从而引起工程病害增加了运营维修费用；因为海拔高，导致多雨多雾的恶劣气候环境从而使其钢材容易受潮；通风口段景观设计要求高，要选择合适的类型来协调当地文化和环境以满足美观要求。

3. 出入口段工程设计特征

人员出入口的设置主要是方便管理检修人员出入，也可兼作综合管廊建成后参观人员出入口。人员出入口分别采用两种形式，一种是位于正常路段下的人员出入口，人员通过爬梯进出管廊；另外一种是位于交叉口处的人员出入口，人员进入钢结构玻璃遮挡棚内，通过两层楼梯下至管廊内进行参观。保山市综合管廊出入口段工程特征与通风口段工程特征基本相同。

4. 端井段工程设计特征

端部结合井布设在综合管廊的端部，通过此结合井，各类管线可与综合管廊之外直埋段连接或者与电缆沟、排管通过工井连接。保山市综合管廊端井段工程特征与通风口段工程特征基本相同。

5. 吊装口段工程设计特征

为方便管廊内的材料进出，综合管廊需设计投料口，投料口的设计需要考虑到综合管廊里面人员紧急出入口、所需投入管材的尺寸以及综合管廊内部通风换气的因素。一般按照每个防火分区不少于一个，一般综合管廊沿线不超过 400 m 设置一个投料口，并兼做进风口，投料口长度按 400 m 设计。保山市综合管廊吊装口段工程特征有：基坑边坡防护加固工程量大并且要求较高；排水设施的完善性要求比较高；结构刚度和强度要求高；常常由于受不良地质灾害的影响，从而引起工程病害增加了运营维修费用；因为海拔高，导致多雨多雾的恶劣气候环境，从而使其钢材容易受潮；吊装口景观设计要求高，要选择合适的类型来协调当地文化和环境以满足美观要求。

6. 管线分支口段工程设计特征

为满足管线进出的要求，需结合地块性质和根据规划，布设管线引出段。原则上给水管、信息管从侧向出沟，电缆电力根据需求情况从侧面或顶部预留出口。电缆要采用专用的防水电缆套管从外部连接，电缆引出段穿过公路时采用排管形式，每个电力排管采用 12 孔 DN200 排管，通信排管采用 12 孔 DN110 排管，CPVC 材质混凝土包封，给水管引出段设有阀门井。保山市综合管廊管线分支口段工程特征有：基坑边坡防护加固工程量大并且要求高；排水设施的完善性要求较高；结构强度和刚度要求高；常常由于受不良地质灾害的影响，从而引起工程病害增加了运营维修费用；因为海拔高的原因，导致多雨多雾的恶劣气候环境，从而使得钢材容易受潮；管线分支口段工程的场地布设和路线标准因为复杂的水文和地形条件经常受到限制；设计变更不可避免。

7. 分变电所工程设计特征

综合管廊分变电所是将电压从超高压降为高压、从高压降为低压。保山市综合管廊分变电所工程特征有：基坑边坡防护加固工程量大并且要求高；排水设施的完善性要求较高；结构强度和刚度要求高；常常由于受不良地质灾害的影响，从而引起工程病害增加了运营维修费用；因为海拔高的原因，导致多雨多雾的恶劣气候环境，从而使得钢材容易受潮；场地布设和路线标准因为复杂的水文和地形条件经常受到限制；景观设计要求高，要选择合适的类型来协调当地文化和环境以满足美观要求。

8. 交叉口工程设计特征

综合管廊交叉口的设计主要需要考虑两条道路相交的时候，两条综合管廊的交叉问题，包括管线与管线交叉的交汇方式以及管廊和管廊交叉的结构形式。综合管廊交叉口一般采用上下双层的立体交叉结构，断面尺寸较大的管廊一般采用直线形式，断面尺寸较小的管廊一般采用下穿直线管廊即倒虹形式。为了便于维护人员上下穿越，管廊交叉处通过自动液压井盖和爬梯相连。相交的地方管廊板面根据需求预留孔洞口，满足管道上下连接、穿越的要求。交叉口处下层管廊的最低点要布设集水坑。保山市综合管廊交叉口段工程特征与管线分支口段工程特征基本相同。

9. 倒虹吸工程设计特征

综合管廊穿越河道等障碍物采用倒虹形式。综合管廊穿越河道的时候应当选择在河床比较稳定的河段，并且最小覆土深度应该按照管廊安全和不妨碍河道的整治的原则而定。在一至五级航道下面敷设，应在航道底设计高程 2.0 m 以下；在其他河道下面敷设，应在河底设计高程 1.0 m 以下；当在灌溉渠道下面敷设，应在渠底设计高程 0.5 m 以下。保山市综合管廊倒虹吸段工程其他特征也与管线分支口段工程特征基本相同。

3.2.2 城市地下综合管廊工程施工组织特征分析

保山市明挖现浇城市地下综合管廊独有的水文地形地质条件和环境因素导致在施工组织过程当中也具有其自己独有的特征。升阳路、仁和路、兰城路、海棠路、南城路、龙泉路、九龙路、惠通路沿线多为已建砖混结构的住宅及商铺，本工程管廊基坑为长条形基坑，综合管廊的基坑开挖深度由 5.1 m 至 5.6 m 不等。根据基坑开挖深度、周边环境保护要求及周边限制条件选用不同的围护结构形式。

管廊基坑工程设计与施工的安全性，不仅包括基坑本身的安全性，还包括深基坑施工对周边环境产生的不利影响。依据《建筑基坑支护技术规程》（JGJ 120—2012）中相关条款规定，本管廊工程基坑稳定性分析及对周边环境影响的控制标准如表 3-1 和 3-2 所示：

表 3-1　基坑稳定性设计控制指标表

坑安全等级	整体稳定安全系数	抗倾覆稳定安全系数	抗隆起稳定安全系数	抗隆起稳定（绕最下道撑）安全系数	抗渗流稳定安全系数
一级	1.25	1.2	2.5	2.2	2.0
二级	1.25	1.1	2.0	1.9	2.0
三级	1.25	1.05	1.7	1.7	2.0

表 3-2　基坑变形设计控制指标表

基坑环境保护等级	围护结构最大侧移	抗外地表最大沉降
一级	0.18%H	0.15%H
二级	0.3%H	0.25%H
三级	0.7%H	0.55%H

注：周边地表沉降及土体水平位移满足相关主管单位的要求。

1）标准段工程施工组织特征

保山市综合管廊标准段工程刚开始施工的时候干扰因素很多，从而导致施工难度大，并且需要多项工程同步协调推进；保山市综合管廊标准段工程施工因为地形地质的原因，从而导致人工占比高机械化程度低，并且对驾驶员的技术要求和对施工机械的操作熟练程度较高。保山市综合管廊标准段工程由于地质情况复杂导致施工困难，临时工程、设施较多；运输不方便导致废方处理以及土石方调配的难度较大；地勘资料非常难以如实反映真实的地质情况，从而导致施工过程中出现二次设计多、变更多。

2）通风段工程施工组织特征

通风口工程景观设计要求高、结构复杂；雨季防水等特点导致施工工期长；质量要求高，工程结构必须安全、坚固耐用；建设工期紧，通风口工程一般工程量大，建设工期紧迫；施工工艺复杂，对沉降的控制要求高；通风口工程来往车辆行人较多，施工环境复杂。

3）出入口段工程施工组织特征

出入口段工程施工组织特征与通风段工程施工组织特征基本相同。这里就不再赘述。

4）端井段工程施工组织特征

施工周期长；施工现场布置非常困难；模板和机械设备的投入大；施工、监理难度大；施工单位资金周转受计量支付时间长影响；深基坑开挖支护难度大；深基坑作业时间长，施工安全措施要预防到位。

5）吊装口段工程施工组织特征

吊装口段工程施工组织特征与通风段工程施工组织特征基本相同。这里就不再赘述。

6）管线分支口段工程施工组织特征

管线分支口工程路线和结构复杂，连接的地方要求精准测量；管线分支口工程结构必须安全、坚固耐用，质量要求高；建设工期紧，管线分支口工程一般工程量很大，建设工期紧迫；施工工艺复杂，对沉降的控制要求高；管线分支口工程，施工环境复杂。

7）分变电所工程施工组织特征

分变电所工程结构复杂，机械设备安装的地方要求精密测量；工程结构必须安全、坚固耐用，质量要求高；施工工艺复杂，对沉降的控制要求高；分变电所工程，施工环境复杂。

8）交叉口工程设计特征

交叉口工程路线和结构复杂，连接的地方要求精准测量；工程结构必须安全、坚固耐用，质量要求高；建设工期紧，交叉口工程一般工程量大，建设工期紧迫；施工工艺复杂，对沉降的控制要求高；交叉口工程，施工环境复杂。

9）倒虹吸工程设计特征

倒虹吸工程未知因素多，隐蔽性强；倒虹吸工程的作业空间很小工作面狭窄，而且施工顺序对施工进度也影响较大；管廊施工多个工序同时交替展开，例如开挖和支护相互交替施工；施工过程当中地质情况不稳定，并且衬砌的变形情况不明显，基坑的水文地质条件的变化程度的掌握稍有不对就很容易产生崩塌和淹水；地下作业风险大，崩塌极其容易发生较大的生产事故，为了保证施工安全和质量，整个施工的过程必须做好现场监控量测工作；基坑施工噪声大且潮湿导致工人作业环境十分恶劣。

3.2.3　城市地下综合管廊典型构造物工程选取

1. 选取原则

本研究为了紧密结合保山市明挖现浇城市地下综合管廊工程造价管理的实际情况以及综合管廊构造物工程的特征，选取保山市综合管廊典型构造物工程有以下主要原则：造价比重高、工程结构复杂、特有工程、工程变更频繁。

选择典型工程时要考虑当地经济水平、地质条件、抗震等级、设计标准、结构尺寸、施工工法等因素；尽量选择施工里程相对较长、建设规模相对偏大的管廊作为典型工程。同理，在界定典型工程的可比性范围之时，应当着重考虑地质条件、设计标准、施工方法、结构尺寸等条件。一般而言，采用不同类型施工方法的城市地下综合管廊不易进行对比，比如预制拼装和现浇施工的城市地下综合管廊不宜进行类比；软土地区和岩石地区的城市地下综合管廊不宜类比价格；不同设计标准和结构尺寸的管廊也不易进行类比。但超出类比范围的城市地下综合管廊可以进行价格对比。

2. 典型构造物工程的确立

保山市明挖现浇城市地下综合管廊的工程造价，充分表现了高原崇岭地区独特的自然环境所导致的，在建设期间选择合理的设计施工方案和施工组织方面形成了云南自身独有的特点。选择结构复杂、工程设计变更多以及造价比例高等保山市综合管廊独特的原则确定以下典型工程：

（1）标准段工程：特殊基底处理工程、土石方工程、基坑围护工程、排水工程、消防工程、混凝土工程、管廊附属工程。

（2）通风口段工程：通风管道工程；出入口段工程；端井段工程；吊装口段工程；管线分支口段工程。

（3）分变电所工程：电气工程；交叉口工程：立体交叉工程、平面交叉工程、互通交叉工程、通道工程；倒虹吸工程：隧洞工程；电气工程；监控及其他设备。

3.3 城市地下综合管廊工程造价指标分析

3.3.1 单位长度管廊段造价分析

1. 单舱综合管廊

1）标准段设计

综合管廊标准段采用单箱双室现浇钢筋混凝土箱形结构，平面外包尺寸 2.8 m×3.0 m，壁厚 0.30 m，顶底板厚 0.30 m，隔墙厚 0.30 m，结构底板主要位于②层粉质黏土层中。

2）特殊段设计

管廊工程中特殊节点包括（引出段、投料口段、通风段、出入口段和端井段），考虑到功能上的需要，管廊横向跨度增大。主体结构壁厚取 0.4 m，顶底板厚 0.4 m，隔墙厚 0.30 m，结构底板主要位于②层粉质黏土层中。

2. 双舱综合管廊

1）标准段设计

综合管廊标准段采用单箱双室现浇钢筋混凝土箱形结构，平面外包尺寸 4.45 m×3.0 m，壁厚 0.30 m，顶底板厚 0.30 m，隔墙厚 0.25 m，结构底板主要位于②层粉质黏土层中。

2）特殊段设计

管廊工程中特殊节点包括（引出段、投料口段、通风段、出入口段和端井段），考虑到功能上的需要，管廊横向跨度增大。主体结构壁厚取 0.4 m，顶底板厚 0.4 m，隔墙厚 0.25 m，结构底板主要位于②层粉质黏土层中。

3. 三舱综合管廊

1）标准段设计

综合管廊标准段采用单箱双室现浇钢筋混凝土箱形结构，平面外包尺寸 6.0 m×3.0 m，壁厚 0.30 m，顶底板厚 0.30 m，隔墙厚 0.3 m，结构底板主要位于②层粉质黏土层中。

4. 四舱综合管廊

1）标准段设计

综合管廊为四舱综合管廊（燃气舱、高压舱、电力通信舱、给排水舱）。覆土深度约为 2.5 m，壁厚拟考虑为 0.4 m，中隔墙厚度为 0.3 m。

2）特殊段设计

管廊工程中特殊节点包括（管线分支口、吊装口段、通风段、出入口段和端井段），考虑到上述节点功能上的需要，管廊横向跨度增大。结构壁厚取 0.40～0.60 m，顶底板厚 0.40～0.60 m。

将收集的管廊项目资料按断面尺寸统计出各项目的单位长度综合管廊所需费用，得出保山市明挖现浇城市地下综合管廊各断面特征下的综合管廊建设单位长度造价指标。见表 3-3 与图 3-2。

表 3-3　各断面单位长度造价指标及占比表

项目名称及管廊类型	断面尺寸	综合单价/（元/m）	长度/m	概算/万元	占总费用比例
九龙路综合管廊（单仓）	B×H=2.4×2.4 m	55 508	1 700	9 436.32	100.00%
惠通路综合管廊（单仓）	B×H=2.4×2.4 m	69 303	440	3 049.31	100.00%
东城大道综合管廊（单仓）	B×H=2.4×2.4 m	51 357	4 140	21 261.71	100.00%
纬三路综合管廊（单仓）	B×H=2.4×2.4 m	45 893	2 657	12 193.86	100.00%
海棠路综合管廊（单仓）	B×H=2.4×2.4 m	57 626	6 011	34 639	100.00%
兰城路 1 综合管廊（单仓）	B×H=2.4×2.4 m	51 321	680	3 489.82	100.00%
兰城路 2 综合管廊（单仓）	B×H=2.4×2.4 m	48 790	1 357.5	6 623.28	100.00%
龙泉路综合管廊（单仓两种标准断面）	B×H=2.4×2.4 m B×H=1.8×1.8 m	28 063	2 068 5 215	20 438.31	100.00%
象山路综合管廊（单仓两种标准断面）	B×H=2.4×2.4 m B×H=1.35×1.2 m	49 738	5 700 1 146	34 050.77	100.00%
南城路综合管廊（单仓两种标准断面）	B×H=2.3×2.4 m B×H=2.5×2.4 m	42 142	1 727 2 244.1	16 735.15	100.00%
青堡路综合管廊（三仓）	B×H=（1.7+2.2+3.2）×3.4 m	107 704	2 300	24 772.02	100.00%
沙丙路 1 综合管廊（三仓）	B×H=（1.7+2.2+3.5）×3.1 m	157 392	860	13 535.74	100.00%
北七路综合管廊（三仓）	B×H=（1.7+2.2+3.5）×3.1m	112 594	7 280	81 968.24	100.00%
沙丙路 2 综合管廊（三仓）	B×H=（1.7+2.2+3.5）×3.1m	112 222	8 540	95 837.35	100.00%
东环路综合管廊（四仓）	B×H=11.6×4.3m	138 782	7 686	106 667.87	100.00%

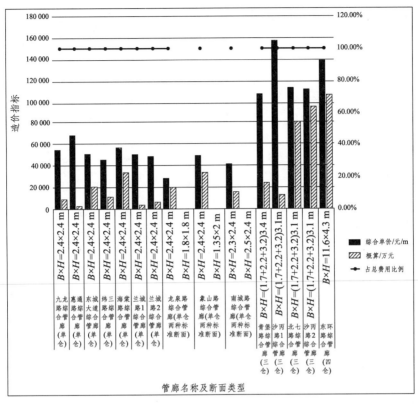

图 3-2　各断面单位长度造价指标及占比图

3.3.2　单位长度管廊段建安费分析

建安费是值用于构成工程实体而产生的费用。按照项目的构成划分为建安费，包括标准段工程、通风段工程、出入口段工程、端井段工程、吊装口段工程、管线分支口段工程、分变电所工程、交叉口工程、倒虹吸工程、电气工程、监控及其他设备等。结合保山市明挖现浇城市地下综合管廊建安费的组成情况，选取比例较高的标准段工程、通风段工程、出入口段工程、端井段工程、吊装口段工程、管线分支口段工程、分变电所工程、交叉口工程、倒虹吸工程进行主要分析。

统计分析所收集的综合管廊项目得出保山市各断面单位长度管廊段建安工程造价指标及占总费用的比例。如表 3-4 与图 3-3 所示。

表 3-4　各断面建安工程造价指标与总费用比例表

项目名称及断面类型	断面尺寸	长度/m	建安工程单价/(元/m)	建安工程费/万元	概算/万元	占总费用比例%
九龙路综合管廊（单仓）	B×H=2.4×2.4 m	1 700	43 089.24	7 325.17	9 436.32	77.63%
惠通路综合管廊（单仓）	B×H=2.4×2.4 m	440	51 316.82	2 257.94	3 049.31	74.05%
东城大道综合管廊（单仓）	B×H=2.4×2.4 m	4 140	39 454.23	16 334.05	21 261.71	76.82%
纬三路综合管廊（单仓）	B×H=2.4×2.4 m	2 657	35 714.53	9 489.35	12 193.86	77.82%
海棠路综合管廊（单仓）	B×H=2.4×2.4 m	6 011	46 910.98	28 198.19	34 639	81.41%
兰城路 1 综合管廊（单仓）	B×H=2.4×2.4 m	680	39 746.03	2 702.73	3 489.82	77.45%
兰城路 2 综合管廊（单仓）	B×H=2.4×2.4 m	1 357.5	38 932.01	5 285.02	6 623.28	79.79%
升阳路综合管廊（单仓）	B×H=2.6×2.6 m	2 279.7	46 874.41	10 685.96	13 194.48	80.99%
龙泉路综合管廊（单仓两种标准断面）	B×H=2.4×2.4 m	2 068	56 504.06	11 685.04	20 438.31	80.29%
	B×H=1.8×1.8 m	5 215	9 060.98	4 725.3		
象山路综合管廊（单仓两种标准断面）	B×H=2.4×2.4 m	5 700	43 806.93	24 969.95	34 050.77	77.31%
	B×H=1.35×1.2 m	1 146	11 827.84	1 355.47		
南城路综合管廊（单仓两种标准断面）	B×H=2.3×2.4 m	1 727	22 756.00	13 421.66	16 735.15	80.20%
	B×H=2.5×2.4 m	2 244.1	23 363.50			
青堡路综合管廊（三仓）	B×H=(1.7+2.2+3.2)×3.4 m	2 300	82 127.17	18 889.25	24 772.02	76.25%
沙丙路 1 综合管廊（三仓）	B×H=(1.7+2.2+3.5)×3.1 m	860	123 637.21	10 632.8	13 535.74	78.55%
北七路综合管廊（三仓）	B×H=(1.7+2.2+3.5)×3.1 m	7 280	90 267.39	65 714.66	81 968.24	80.17%
沙丙路 2 综合管廊（三仓）	B×H=(1.7+2.2+3.5)×3.1 m	8 540	90 791.36	77 535.82	95 837.35	80.90%
东环路综合管廊（四仓）	B×H=11.6×4.3 m	7 686	112 326.65	86 334.26	106 667.87	80.94%

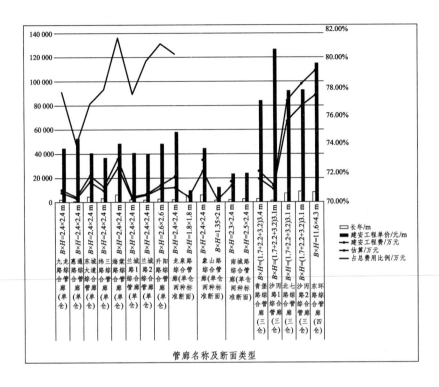

图 3-3　各断面建安工程造价指标与总费用比例图

第一部分：建安费中土石方工程、基坑支护工程、标准段工程、通风段工程、出入口段工程、端井段工程、吊装口段工程、管线分支口段工程、分变电所工程、交叉口工程、倒虹吸工程等。第二部分：设备器具购置费（包含其子项）。第三部分：工程建设其他费用（包含其子项）等。统计分析方法同上述建安费所示，这里不再说明。

3.3.3　标准段工程造价指标分析

结合保山市明挖现浇城市地下综合管廊建安费的组成情况，将标准段工程费用的构成及造价指标进行分析。

统计分析所收集的综合管廊造价资料，从而得出保山市明挖现浇城市地下综合管廊标准段工程的造价指标及占建安工程造价指标的比例。

如表 3-5 所示。

3.3.4　非标准段工程造价指标

结合保山市明挖现浇城市地下综合管廊建安费的组成情况，将通风段工程、出入口段工程、端井段工程、吊装口段工程、管线分支口段工程、分变电所工程、交叉口工程、倒虹吸工程等非标准段工程的构成及造价指标进行分析。

统计分析所收集的综合管廊造价资料，从而得出保山市明挖现浇城市地下综合管廊非标准段工程的造价指标及占建筑安装工程造价指标的比例。如表 3-6 所示。

3.4　城市地下综合管廊工程造价指标汇总

3.4.1　工程造价指标汇总

将保山市各断面类型的综合管廊工程造价应用统计分析方法，从而得到各断面类型的管廊工程造价及工程量指标。如图 3-4 所示。

1. 土石方工程分析

对收集的综合管廊项目进行了土石方工程造价的分析。见表 3-7 及图 3-5 所示。

表 3-5 保山市明挖现浇城市地下综合管廊标准段造价指标及占建安工程造价比例表

项目名称及断面类型	断面尺寸	建安工程单价/(元/m)	标准段长度/m	土石方工程造价/(元/m)	基坑支护工程造价/(元/m)	电气、监控及其他设备工程造价/(元/m)	其他配套工程造价/(元/m)	标准段箱体造价/(元/m)	标准段工程造价指标/(元/m)	占建安工程造价比例
九龙路综合管廊（单仓）	$B×H=$ 2.4×2.4 m	43 089.24	1 418	3 710.84	3 156.58	5 851.95	8 252.24	20 385.46	41 357.07	95.98%
惠通路综合管廊（单仓）	$B×H=$ 2.4×2.4 m	51 316.82	300	3 188.75	6 505.26	12 255.00	8 325.90	20 581.12	50 856.02	99.10%
东城大道综合管廊（单仓）	$B×H=$ 2.4×2.4 m	39 454.23	2 995	1 344.85	1 229.30	10 637.12	7 470.68	17 536.87	38 218.82	96.87%
纬三路综合管廊（单仓）	$B×H=$ 2.4×2.4 m	35 714.53	1 777	394.46	1 150.90	4 850.60	6 894.66	20 581.10	33 871.72	94.84%
海棠路综合管廊（单仓）	$B×H=$ 2.4×2.4 m	46 910.98	4 070	1 922.16	2 891.78	6 285.69	14 193.86	20 068.26	45 361.76	96.70%
兰城路2综合管廊（单仓）	$B×H=$ 2.4×2.4 m	38 932.01	897.1	1 891.68	3 966.51	7 974.00	4 494.01	17 058.69	35 384.88	90.89%
象山路综合管廊（单仓两神标准断面）	$B×H=$ 2.4×2.4 m	43 806.93	4 382.71	378.04	2 211.82	10 410.61	8 268.23	19 178.45	41 447.16	94.61%
升阳路综合管廊（单仓）	$B×H=$ 2.6×2.6 m	46 874.41	1 340	3 607.28	4 464.20	11 302.72	5 978.77	18 628.83	43 981.78	93.83%
北七路综合管廊（三仓）	$B×H=$ (1.7+2.2+3.5)×3.1 m	90 267.39	3 680	8 088.04	4 683.35	24 597.32	1 504.40	37 997.65	76 870.77	85.16%

表 3-6　保山市明挖现浇城市地下综合管廊非标准段造价指标及占建安工程造价比例表

项目名称及断面类型	断面尺寸	建安工程单价/(元/m)	非标准段长度/m	土石方工程造价/(元/m)	基坑支护工程造价/(元/m)	电气、监控及其他设备工程造价/(元/m)	其他配套工程造价/(元/m)	非标准段箱体造价/(元/m)	非标准段造价指标/(元/m)	占建安工程造价比例
九龙路综合管廊（单仓）	B×H=2.4×2.4 m	43 089.24	282	3 710.84	3 156.58	5 851.95	8 252.24	23 898.66	44 870.27	104.13%
惠通路综合管廊（单仓）	B×H=2.4×2.4 m	51 316.82	140	3 188.75	6 505.26	12 255.00	8 325.90	22 029.34	52 304.24	101.92%
东城大道综合管廊（单仓）	B×H=2.4×2.4 m	39 454.23	1 145	1 344.85	1 229.30	10 637.12	7 470.68	22 003.78	42 685.73	108.19%
纬三路综合管廊（单仓）	B×H=2.4×2.4 m	35 714.53	880	394.46	1 150.90	4 850.60	6 894.66	27 690.37	40 980.99	114.75%
海棠路综合管廊（单仓）	B×H=2.4×2.4 m	46 910.98	1 941	1 922.16	2 891.78	6 285.69	14 193.86	25 994.18	51 287.68	109.33%
兰城路2综合管廊（单仓）	B×H=2.4×2.4 m	38 932.01	460.4	1 891.68	3 966.51	7 974.00	4 494.01	33 096.04	51 422.24	132.08%
象山路综合管廊（单仓）	B×H=2.4×2.4 m	43 806.93	1 317.3	1 378.04	2 211.82	10 410.61	8 268.23	29 389.26	51 657.96	117.92%
升阳路综合管廊（单仓）	B×H=2.6×2.6 m	46 874.41	939.7	3 607.28	4 464.20	11 302.72	5 978.77	23 658.56	49 011.52	104.56%
北七路综合管廊（三仓）	B×H=(1.7+2.2+3.5)×3.1 m	90 267.39	3 600	8 088.04	4 683.35	24 597.32	1 504.40	64 115.71	102 988.83	114.09%

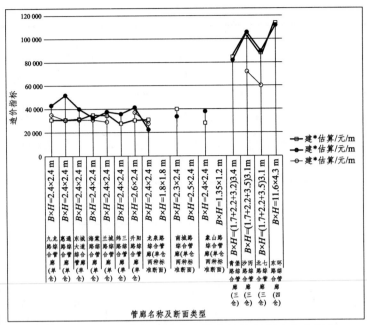

图 3-4　按断面分类保山市综合管廊造价指标变化曲线图

表 3-7　保山市城市地下综合管廊土石方挖填造价指标表

项目名称	断面	挖沟槽土方/m³	回填方（原土回填）/m³	回填方（借土回填）/m³	余方弃置/m³	片石换填/m³	碎石回填/m³
九龙路综合管廊（单仓）	$B×H=$ 2.4 m×2.4 m	6.44	7.84	59.01	22.12		
龙泉路综合管廊（单仓两种标准断面）	$B×H=$ 2.4 m×2.4 m	8	8	59	22	52	77
	$B×H=$ 1.8 m×1.8 m	8	10		14		
东环路综合管廊（四仓）	$B×H=$ 11.6 m×4.3 m	6	8	59	22		
惠通路综合管廊（单仓）	$B×H=$ 2.4 m×2.4 m	6.44	7.85	59.6	22.12	159.14	109.29
东城大道综合管廊（单仓）	$B×H=$ 2.4 m×2.4 m	6.44	7.84	55.14	22.12	77.25	
纬三路综合管廊（单仓）	$B×H=$ 2.4 m×2.4 m	8	8	59	22		

项目名称	断面	挖沟槽土方/m³	回填方（原土回填）/m³	回填方（借土回填）/m³	余方弃置/m³	片石换填/m³	碎石回填/m³
象山路综合管廊（单仓两种标准断面）	$B \times H =$ 2.4 m×2.4 m	6	8	55	22	77	
	$B \times H =$ 1.35 m×1.2 m	9.02	7.85	55.73	22.12	77.25	
平均值		7.14	8.02	57.79	21.15	88.61	93.27

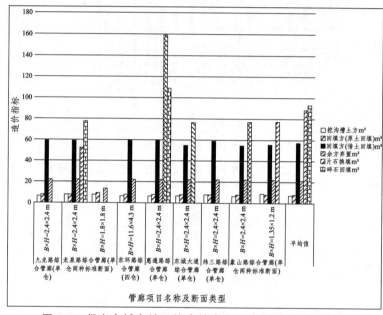

图 3-5　保山市城市地下综合管廊土石方挖填造价指标图

2. 人、材、机及管理利润费用分析

对收集的综合管廊项目进行了土石方工程造价的分析。见表 3-8 及图 3-6 所示。

3. 管廊分部分项工程分析

对收集的单仓综合管廊项目进行了分部分项工程的分析。见表 3-9 所示。

表 3-8 人、材、机及管理利润费用、占比表

项目名称	断面	其中人工		其中材料		其中机械		其中管理费和利润	
		金额/万元	占造价比列	金额/（万元）	占造价比列	金额/万元	占造价比列	金额/万元	占造价比列
九龙路综合管廊（单仓）	$B \times H=$2.4 m×2.4 m	1 380.70	18.85%	3 781.28	51.62%	95.97	1.31%	664.34	9.07%
惠通路综合管廊（单仓）	$B \times H=$2.4 m×2.4 m	378.59	16.77%	1 210.29	53.60%	122.08	5.41%	180.65	8.00%
东城大道综合管廊（单仓）	$B \times H=$2.4 m×2.4 m	3 027.89	18.54%	8 375.67	51.28%	364.80	2.23%	1 472.83	9.02%
纬三路综合管廊（单仓）	$B \times H=$2.4 m×2.4 m	1 827.28	19.26%	4 815.23	50.74%	136.12	1.43%	878.80	9.26%
象山路综合管廊（单仓两种标准断面）	$B \times H=$2.4 m×2.4 m	4 440.51	17.78%	12 810.98	51.31%	861.33	3.45%	2 157.19	8.64%
	$B \times H=$1.35 m×1.2 m	226.75	16.73%	725.18	53.50%	41.16	3.04%	105.63	7.79%
龙泉路综合管廊（单仓两种标准断面）	$B \times H=$2.4 m×2.4 m	2 060.32	17.63%	5 846.16	50.03%	567.50	4.86%	989.54	8.47%
	$B \times H=$1.8 m×1.8 m	755.80	15.99%	2 493.79	52.78%	221.34	4.68%	350.29	7.41%
占比平均值			17.69%		51.86%		3.30%		8.46%

表 3-9　综合管廊分部分项工程指标表

| 分部工程 | 分项工程 | | 单位 | 造价指标 | | |
	项目名称	项目特征描述		平均值	最小值	最大值
标准段工程	混凝土传力带	1. 混凝土强度等级：C30 2. 部位：传力带 3. 厚度：垫层加底板厚 4. 商品混凝土，含泵送费		465.35	428.36	496.57
	混凝土垫层	1. 混凝土强度等级：C20 2. 部位：管廊底垫层 3. 厚度：100 mm 4. 商品混凝土，含泵送费		479.50	472.17	483.82
	混凝土垫层（找坡层）	1. 混凝土强度等级：C20细石混凝土 2. 部位：管廊底板内找坡层 3. 厚度：详图图纸 4. 商品混凝土，含泵送费		655.43	600.35	765.44
	混凝土底板	1. 混凝土强度等级：C30 2. 混凝土抗渗要求：P6 3. 部位：管廊底板 4. 商品混凝土，含泵送费		565.41	547.31	598.88

分部工程	分项工程		单位	造价指标		
	项目名称	项目特征描述		平均值	最小值	最大值
	混凝土侧墙	1. 混凝土强度等级：C30 2. 混凝土抗渗要求：P6 3. 部位：管廊侧墙 4. 商品混凝土，含泵送费		618.55	598.81	652.77
	混凝土顶板	1. 混凝土强度等级：C30 2. 混凝土抗渗要求：P6 3. 部位：管廊顶板 4. 商品砼，含泵送费		603.59	585.17	637.20
	现浇构件钢筋 （φ12~φ14）	1. 钢筋种类：Ⅲ级钢筋 2. 钢筋规格：φ12~φ14	元/t	5 831.76	5 331.42	5 894.35
	现浇构件钢筋 （φ16~φ22）	1. 钢筋种类：Ⅲ级钢筋 2. 钢筋规格：φ16~φ22	元/t	5 741.01	5 106.88	5 987.07
	细石混凝土楼地 面（50 mm）	1. 部位：管廊底板 2. 混凝土强度等级：50 mmC20 细石混凝土	元/m²	36.01	35.64	36.21
	细石混凝土楼地 面（70 mm）	1. 部位：管廊顶板 2. 混凝土强度等级：70 mmC20 细石混凝土	元/m²	50.44	49.91	50.73

分部工程	分项工程		单位	造价指标			
	项目名称	项目特征描述		平均值	最小值	最大值	
	实心砖墙	1. 砖品种、规格、强度等级：混凝土实心砖，240×115×53 2. 墙体类型：1/2 混水砖墙 3. 部位：外墙防水下脚保护层（400 mm 高）		495.07	494.43	495.49	
	墙面卷材防水	1. 部位：管廊外立面 2. 材料品种、规格：1.5 mm 厚交叉层压膜高分子双面自粘防水卷材 3. 工艺要求：详设计图纸	元/m²	61.92	48.89	87.97	
	墙面涂膜防水	1. 部位：管廊外立面 2. 材料品种、规格：1.5 mm 厚非固化橡胶沥青防水涂料 3. 工艺要求：详设计图纸	元/m²	65.58	48.89	98.96	
	屋面卷材防水	1. 部位：管廊顶面 2. 材料品种、规格：1.5 mm 厚交叉层压膜高分子双面自粘防水卷材 3. 工艺要求：详设计图纸	元/m²	61.92	48.89	87.97	

分部工程	项目名称	分项工程 项目特征描述	单位	造价指标		
				平均值	最小值	最大值
	屋面涂膜防水	1. 部位：管廊顶面 2. 材料品种、规格：1.5 mm 厚非固化 橡胶沥青防水涂料 3. 工艺要求：详设计图纸	元/m²	65.58	48.89	98.96
	挤塑板保护层 （管廊侧壁）	1. 材料品种：泡沫板 2. 部位：管廊侧壁 3. 规格：5 cm 厚	元/m²	39.73	39.73	39.73
	楼（地）面卷材 防水	1. 部位：管廊底板 2. 材料品种、规格：1.2 mm 厚预铺式 高分子自粘橡胶复合防水卷材 3. 工艺要求：详设计图纸	元/m²	63.01	45.03	98.96
	预埋铁件（传力 杆）	1. 传力杆种类：Ⅰ级钢筋 2. 规格：φ28 3. 填沥青油膏 4. 部位：变形缝	元/t	10 227.87	8 400.40	11 908.00

分部工程	分项工程		单位	造价指标		
	项目名称	项目特征描述		平均值	最小值	最大值
	传力杆-配管	1. 传力杆套管 2. 内径 30 mm 铁套管 3. 部位：变形缝	元/m	34.20	34.20	34.20
	双组份聚硫密封胶	1. 材质：20×20 双组份聚硫密封胶 2. 工艺要求：详设计图纸 3. 部位：内墙	元/m	122.07	9.12	235.01
	双组份聚硫密封胶	1. 材质：30×30 双组份聚硫密封胶 2. 工艺要求：详设计图纸 3. 部位：顶板两侧、侧墙、底板单侧	元/m	122.50	9.99	235.01
	油浸甘蔗板填缝	1. 部位：变形缝 2. 材料品种、规格：油浸甘蔗板填缝 3. 工艺要求：详设计图纸	元/m²	40.23	40.23	40.23
	外贴橡胶止水带	1. 材料品种：外贴式橡胶止水带 2. 规格、型号:E2-3,宽 320 mm 厚 6 mm 3. 混凝土强度等级：C30 4. 位置：侧墙及底板	元/m	112.48	112.48	112.48

分部工程	项目名称	分项工程 项目特征描述	单位	造价指标		
				平均值	最小值	最大值
	中埋式钢边橡胶止水带	1. 类别：中埋式钢边橡胶止水带 2. 材料品种、规格：E2-9，宽 350 mm 厚 8 mm 3. 工艺要求：详设计图纸 4. 位置：侧墙、底板及顶板	元/m	160.70	160.69	160.70
	止水钢板	1. 材料品种：止水钢板 2. 规格、型号：详施工图 3. 混凝土强度等级：C30 4. 位置：侧墙底	元/m	79.11	66.84	91.37
	防水堵漏防水堵 漏（止水螺杆端头）	1. 部位：止水螺杆端头	元/点	0.38	0.32	0.43
通风口工程	混凝土垫层	1. 混凝土强度等级：C20 2. 部位：管廊底板垫层 3. 厚度：100 mm 4. 商品混凝土，含泵送费		479.50	472.17	483.82

分部工程	分项工程		单位	造价指标		
	项目名称	项目特征描述		平均值	最小值	最大值
	混凝土垫层（找坡层）	1. 混凝土强度等级：C20细石混凝土 2. 部位：管廊底板内找坡层 3. 厚度：详图纸 4. 商品混凝土，含泵送费		655.43	600.35	765.44
	混凝土底板	1. 混凝土强度等级：C30 2. 混凝土抗渗要求：P6 3. 部位：管廊底板 4. 商品混凝土，含泵送费		565.41	547.31	598.88
	混凝土侧墙	1. 混凝土强度等级：C30 2. 混凝土抗渗要求：P6 3. 部位：管廊侧墙 4. 商品混凝土，含泵送费		618.55	598.81	652.77
	混凝土顶板	1. 混凝土强度等级：C30 2. 混凝土抗渗要求：P6 3. 部位：管廊顶板 4. 商品混凝土，含泵送费		603.59	585.17	637.20

分部工程	分项工程		单位	造价指标		
	项目名称	项目特征描述		平均值	最小值	最大值
	预制混凝土板	1. 混凝土强度等级：C30 2. 混凝土抗渗要求：P6，掺低含碱量防腐型抗裂剂		581.19	581.19	581.19
	矩形柱	1. 类别、部位：出入口等混凝土柱 2. 混凝土强度等级：C30 3. 混凝土抗渗要求：P6 4. 商品砼、含泵送费		499.23	483.96	507.22
	有梁板	1. 类别、部位：出入口等混凝土梁、板 2. 混凝土强度等级：C30 3. 混凝土抗渗要求：P6 4. 商品砼、含泵送费		481.70	467.54	495.86
	现浇构件钢筋（φ6~φ8）	1. 钢筋种类：I级钢筋 2. 钢筋规格：φ6~φ8	元/t	6 618.48	6 147.08	7 089.87
	现浇构件钢筋（φ10）	1. 钢筋种类：III级钢筋 2. 钢筋规格：φ10	元/t	6 704.09	6 147.08	7 563.82
	现浇构件钢筋（φ12~φ14）	1. 钢筋种类：III级钢筋 2. 钢筋规格：φ12~φ14	元/t	5 810.90	5 331.42	6 558.78

分部工程	分项工程		单位	造价指标		
	项目名称	项目特征描述		平均值	最小值	最大值
	现浇构件钢筋（φ16～φ22）	1. 钢筋种类：Ⅲ级钢筋 2. 钢筋规格：φ16～φ22	元/t	5 658.99	5 106.88	6 558.78
	现浇构件钢筋（φ25）	1. 钢筋种类：Ⅲ级钢筋 2. 钢筋规格：φ25	元/t	5 492.90	5 019.88	6 351.93
	集水井	1. 部位：集水井 2. 混凝土强度等级：C35 3. 防水、抗渗要求：P6 4. 钢筋制作、安装 5. 50 mm 厚镀锌钢格栅格盖板	元/座	10 357.49	7 215.30	13 536.74
	细石混凝土楼地面（50 mm）	1. 部位：管廊底板 2. 混凝土强度等级：50 mmC20 细石混凝土	元/m²	36.20	36.18	36.21
	细石混凝土楼地面（70 mm）	1. 部位：管廊顶板 2. 混凝土强度等级：70 mmC20 细石混凝土	元/m²	50.71	50.68	50.73
	墙面卷材防水	1. 部位：管廊外立面 2. 材料品种、规格：1.5 mm 厚交叉层压膜高分子双面自粘防水卷材 3. 工艺要求：详设计图纸	元/m²	68.43	48.89	87.97

分部工程	分项工程		单位	造价指标		
	项目名称	项目特征描述		平均值	最小值	最大值
	墙面涂膜防水	1. 部位：管廊外立面 2. 材料品种、规格：1.5 mm 厚非固化橡胶沥青防水涂料 3. 工艺要求：详设计图纸	元/m²	73.93	48.89	98.96
	屋面卷材防水	1. 部位：管廊顶面 2. 材料品种、规格：1.5 mm 厚交叉层压膜高分子双面自粘防水卷材 3. 工艺要求：详设计图纸	元/m²	68.43	48.89	87.97
	屋面涂膜防水	1. 部位：管廊顶面 2. 材料品种、规格：1.5 mm 厚非固化橡胶沥青防水涂料 3. 工艺要求：详设计图纸	元/m²	73.93	48.89	98.96
	挤塑板保护层 （管廊侧壁）	1. 材料品种：泡沫板 2. 部位：管廊侧壁 3. 规格：5 cm 厚	元/m²	39.73	39.73	39.73

分部工程	分项工程		单位	造价指标		
	项目名称	项目特征描述		平均值	最小值	最大值
楼（地）面卷材防水	楼（地）面卷材防水	1. 部位：管廊底板 2. 材料品种、规格：1.2 mm 厚预铺式高分子自粘橡胶复合防水卷材 3. 工艺要求：详设计图纸	元/m²	72.00	45.03	98.96
预埋铁件（传力杆）	预埋铁件（传力杆）	1. 传力杆种类：Ⅰ级钢筋 2. 规格：φ28 3. 填沥青油膏 4. 部位：变形缝	元/t	10 227.87	8 400.40	11 908.00
传力杆—配管	传力杆—配管	1. 传力杆套管 2. 内径 30 mm 铁套管 3. 部位：变形缝	元/m	34.20	34.20	34.20
双组份聚硫密封胶	双组份聚硫密封胶	1. 材质：20×20 双组份聚硫密封胶 2. 工艺要求：详设计图纸 3. 部位：内墙	元/m	81.38	9.12	235.01
双组份聚硫密封胶	双组份聚硫密封胶	1. 材质：30×30 双组份聚硫密封胶 2. 工艺要求：详设计图纸 3. 部位：顶板两侧、侧墙，底板单侧	元/m	81.67	9.99	235.01

分部工程	项目名称	分项工程 项目特征描述	单位	造价指标 平均值	最小值	最大值
	油浸甘蔗板填缝	1. 部位：变形缝 2. 材料品种、规格：油浸甘蔗板填缝 3. 工艺要求：详设计图纸	元/m²	40.23	40.23	40.23
	外贴橡胶止水带	1. 材料品种：外贴式橡胶止水带 2. 规格、型号：E2-3，宽320 mm厚6 mm 3. 混凝土强度等级：C30 4. 位置：侧墙及底板	元/m	112.48	112.48	112.48
	中埋式钢边橡胶止水带	1. 类别：中埋式钢边橡胶止水带 2. 材料品种、规格：E2-9，宽350 mm厚8 mm 3. 工艺要求：详设计图纸 4. 位置：侧墙、底板及顶板	元/m	160.70	160.69	160.70
	止水钢板	1. 材料品种：止水钢板 2. 规格、型号：详施工图 3. 混凝土强度等级：C30 4. 位置：侧墙底	元/m	79.11	66.84	91.37

分部工程	分项工程		单位	造价指标		
	项目名称	项目特征描述		平均值	最小值	最大值
	防水堵漏（止水螺杆端头）	1. 部位：止水螺杆端头	元/点	0.38	0.32	0.43
	防潮层、保护层（1.2 mm 厚卤化丁基橡胶粘结密封胶带）	1. 上部结构等漏出外包防水收头：卤化丁基橡胶粘结密封胶带 2. 厚度：1.2 mm	元/m²	66.00	66.00	66.00
	墙面砂浆防水（防潮）	1. 上部结构等漏出外包防水收头：1：2 改性防水砂浆 2. 厚度：20 mm	元/m²	20.59	20.59	20.59
	钢质防火门	1. 门窗代号及规格：A 级防火门，900 mm×1 800 mm 2. 位置：风口隔断处	元/m²	576.74	449.66	650.88
	金属百叶窗	1. 电动防雨雪百叶窗 2. 内衬 10×10 不锈钢丝防虫网 3. 位置：风口顶 4. 含电动装置	元/m²	964.66	599.64	1 500.00

分部工程	项目名称	分项工程 项目特征描述	单位	造价指标 平均值	最小值	最大值
	填充墙	1. 部位：风井口 2. 材料品种、规格：详图纸		485.74	447.82	505.29
	台阶	1. 名称：室外台阶 2. 部位：风井口 3. 混凝土种类及等级:C20商品混凝土	元/m²	84.67	83.83	85.26
	自动液压井盖	1. 圆形自动液压井盖 2. 规格 D=800 mm	元/个	30 000.00	30 000.00	30 000.00
	钢爬梯	1. 材料品种、规格：不锈钢 2. 部位：通风口	元/t	10 741.26	10 398.74	11 358.64
出入口段工程	混凝土垫层	1. 混凝土强度等级：C20 2. 部位：管廊底板垫层 3. 厚度：100 mm 4. 商品混凝土，含泵送费		479.50	472.17	483.81
	混凝土垫层（找坡层）	1. 混凝土强度等级：C20细石混凝土 2. 部位：管廊底板内找坡层 3. 厚度：详图纸 4. 商品混凝土，含泵送费		600.46	600.34	600.53

分部工程	项目名称	分项工程 项目特征描述	单位	造价指标 平均值	最小值	最大值
	混凝土底板	1. 混凝土强度等级：C30 2. 混凝土抗渗要求：P6 3. 部位：管廊底板 4. 商品混凝土，含泵送费		565.41	547.31	598.88
	混凝土侧墙	1. 混凝土强度等级：C30 2. 混凝土抗渗要求：P6 3. 部位：管廊侧墙 4. 商品混凝土，含泵送费		618.55	598.81	652.77
	混凝土顶板	1. 混凝土强度等级：C30 2. 混凝土抗渗要求：P6 3. 部位：管廊顶板 4. 商品砼，含泵送费		603.59	585.17	637.20
	现浇构件钢筋 （φ6~φ8）	1. 钢筋种类：I级钢筋 2. 钢筋规格：φ6~φ8	元/t	6 704.07	6 147.02	7 563.82
	现浇构件钢筋 （φ12~φ14）	1. 钢筋种类：III级钢筋 2. 钢筋规格：φ12~φ14	元/t	5 810.90	5 331.42	6 558.78
	现浇构件钢筋 （φ16~φ22）	1. 钢筋种类：III级钢筋 2. 钢筋规格：φ16~φ22	元/t	5 658.99	5 106.88	6 558.78

分部工程	分项工程		单位	造价指标		
	项目名称	项目特征描述		平均值	最小值	最大值
	现浇构件钢筋（φ25）	1. 钢筋种类：Ⅲ级钢筋 2. 钢筋规格：φ25	元/t	5 492.90	5 019.88	6 351.93
	现浇构件钢筋接头	1. 钢筋种类：Ⅲ级钢筋 2. 钢筋规格：φ25 3. 直螺纹连接	元/个	16.58	16.08	17.08
	细石混凝土楼地面（50 mm）	1. 部位：管廊底板 2. 混凝土强度等级：50 mmC20 细石混凝土	元/m²	36.20	36.18	36.21
	细石混凝土楼地面（70 mm）	1. 部位：管廊顶板 2. 混凝土强度等级：70 mmC20 细石混凝土	元/m²	50.71	50.68	50.73
	墙面卷材防水	1. 部位：管廊外立面 2. 材料品种、规格：1.5 mm 厚交叉层压膜高分子双面自粘防水卷材 3. 工艺要求：详设计图纸	元/m²	68.43	48.89	87.97
	墙面涂膜防水	1. 部位：管廊外立面 2. 材料品种、规格：1.5 mm 厚非固化橡胶沥青防水涂料 3. 工艺要求：详设计图纸	元/m²	73.93	48.89	98.96

分部工程	分项工程		单位	造价指标		
	项目名称	项目特征描述		平均值	最小值	最大值
	屋面卷材防水	1. 部位：管廊顶面 2. 材料品种、规格：1.5 mm 厚交叉层压膜高分子双面自粘防水卷材 3. 工艺要求：详设计图纸	元/m²	64.81	48.89	87.97
	屋面涂膜防水	1. 部位：管廊顶面 2. 材料品种、规格：1.5 mm 厚非固化橡胶沥青防水涂料 3. 工艺要求：详设计图纸	元/m²	73.93	48.89	98.96
	挤塑板保护层（管廊侧壁）	1. 材料品种：泡沫板 2. 部位：管廊侧壁 3. 规格：5 cm 厚	元/m²	39.73	39.73	39.73
	楼（地）面卷材防水	1. 部位：管廊底板 2. 材料品种、规格：1.2 mm 厚预铺式高分子自粘胶橡复合防水卷材 3. 工艺要求：详设计图纸	元/m²	72.00	45.03	98.96

分部工程	项目名称	分项工程 项目特征描述	单位	造价指标		
				平均值	最小值	最大值
	预埋铁件(传力杆)	1. 传力杆种类:Ⅰ级钢筋 2. 规格:φ28 3. 填沥青油膏 4. 部位:变形缝	元/t	10 227.87	8 400.40	11 908.00
	传力杆-配管	1. 传力杆套管 2. 内径30 mm铁套管 3. 部位:变形缝	元/m	34.20	34.20	34.20
	双组份聚硫密封胶	1. 材质:20×20双组份聚硫密封胶 2. 工艺要求:详设计图纸 3. 部位:内墙	元/m	81.38	9.12	235.01
	双组份聚硫密封胶	1. 材质:30×30双组份聚硫密封胶 2. 工艺要求:详设计图纸 3. 部位:顶板两侧、侧墙,底板单侧	元/m	81.67	9.99	235.01
	油浸甘蔗板填缝	1. 部位:变形缝 2. 材料品种、规格:油浸甘蔗板填缝 3. 工艺要求:详设计图纸	元/m²	40.56	40.23	41.23
	外贴橡胶止水带	1. 材料品种、型号:外贴式橡胶止水带 2. 规格、型号:E2-3,宽320 mm厚6 mm 3. 混凝土强度等级:C30 4. 位置:侧墙及底板	元/m	112.81	112.48	113.48

分部工程	分项工程		单位	造价指标		
	项目名称	项目特征描述		平均值	最小值	最大值
	中埋式钢边橡胶止水带	1. 类别：中埋式钢边橡胶止水带 2. 材料品种、规格：E2-9，宽 350 mm 厚 8 mm 3. 工艺要求：详设计图纸 4. 位置：侧墙、底板及顶板	元/m	160.70	160.70	160.70
	止水钢板	1. 材料品种：止水钢板 2. 规格、型号：详施工图 3. 混凝土强度等级：C30 4. 位置：侧墙底	元/m	79.11	66.84	91.37
	防水堵漏（止水螺杆端头）	1. 部位：止水螺杆端头	元/点	0.38	0.32	0.43
	台阶	1. 垫层材料种类、厚度：300 mm 厚粒径 10～40 卵石灌 M2.5 混合砂浆 2. 面层厚度：60 mmC20 混凝土 3. 具体做法：详 12J003-PB1-1B 4. 位置：参观口	元/m²	133.89	83.83	159.09
	玻璃钢屋面	1. 轻钢玻璃屋面、雨棚、玻璃栏板 2. 0.76PVB 采用安全夹胶玻璃，胶片厚不小于 1 3. 位置：参观口	元/m²	500.00	300.00	720.00

分部工程	分项工程		单位	造价指标		
	项目名称	项目特征描述		平均值	最小值	最大值
	钢质防火门	1. 名称：常闭防火门	元/m²	576.74	449.66	650.88
	逃生爬梯	1. 材料品种、规格：不锈钢 2. 部位：通风口 3. 除锈，刷防锈漆 2 道，调和漆 1 道	元/t	10 741.26	10 398.75	11 358.64
端井段工程			元/m	50 699.20	40 687.63	59 455.41
吊装口工程			元/m	73 656.45	71 762.70	75 550.20
管线分			元/m	86 105.08	81 333.15	90 877.00
支口工程			元/m	267 785.43	204 537.24	345 375.66
交叉口工程			元/m	28 604.87	21 453.75	38 453.13
倒虹吸工程			元	7 479.34	6 265.68	8 663.00
电气			元	9 785.80	8 829.60	11 942.00
监控			元	7 218.54	6 066.08	8 671.00
其他设备						

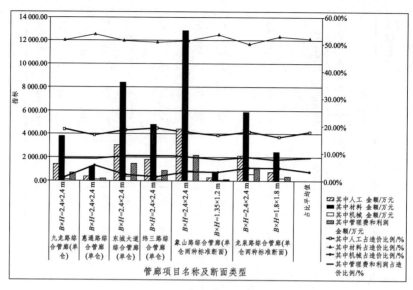

图 3-6　人、材、机及管理利润费用、占比图

3.4.2　各类造价指标分布区间

对保山市明挖现浇城市地下综合管廊的各类工程造价指标，展开统计分析对比，得出如下结论：

保山市不同断面类型单位长度管廊造价指标研究分析表明：管廊断面为 $B \times H$=2.4 m×2.4 m 的单仓综合管廊单位长度造价指标平均值为 54 256 元/m；管廊断面为 $B \times H$=（1.7+2.2+3.5）m×3.1 m 的三仓综合管廊单位长度造价指标平均值为 122 478 元/m；管廊断面为 $B \times H$=11.6 m×4.3 m 的四仓综合管廊单位长度造价指标平均值为 138 782 元/m。

保山市不同断面类型建安费指标研究分析表明：该部分费用比例范围在 74.05%~81.41%，其中四仓综合管廊费用比例最高（81.41%），单仓费用比例最低（74.05%），其造价指标范围在 35 714~51 316 元/m 区间。

保山市综合管廊标准段工程费用的构成及造价指标研究分析表明：该造价指标都低于建安工程造价指标。

保山市综合管廊非标准段工程费用的构成及造价指标研究分析表明：该造价指标都高于建安工程造价指标。由此可见，非标准段工程的数量大小，决定了整个管廊工程的造价。

保山市综合管廊土石方挖填工程造价指标研究分析表明：挖沟槽土方造价指标平均值为 7.14 元/m³；原土方回填造价指标平均值为 8.02 元/m³；借土回填造价指标平均值为 57.79 元/m³；余方弃置造价指标平均值为 21.15 元/m³；片石换填造价指标平均值为 88.61 元/m³；碎石回填造价指标平均值为 93.27 元/m³。

保山市综合管廊工程建安费中人、材、机及管理利润费用造价指标研究分析表明：材料费占比最高（51.86%），其次为人工费占比（17.69%），然后是管理利用费用占比为 8.46%，最低为机械费用占比 3.3%。

保山市不同断面类型管廊标准段工程造价指标研究分析表明：此部分费用比例范围在 14.34% ~ 36.32%区间，其中单仓管廊费用比例最高（36.32%），其造价指标范围在 18 307 ~ 25 112 元/m 区间；四仓管廊费用比例最低（14.34%），其造价指标范围为 48 137 ~ 68 696 元/m。

保山市不同断面类型管廊通风段工程造价指标研究分析表明：该部分费用比例范围在 7.33% ~ 20.41%，其中四仓管廊费用比例最高（20.41%），其造价指标范围为 68221 ~ 94620 元/m；单仓管廊费用比例最低（7.33%），其造价指标范围为 29794 ~ 36000 元/m。

保山市不同断面类型管廊管线分支口工程造价指标研究分析表明：该部分费用比例范围在 3.47% ~ 11.34%，其中单仓管廊费用比例最高（11.34%），其造价指标范围在 25 628 ~ 37 181 元/m；四仓管廊费用比例最低（3.47%），其造价指标范围为 81 333 ~ 119 729 元/m。

4

城市地下综合管廊工程造价指标对比分析

4.1 纵、横向分析的必要性及技术指标

4.1.1 分析的必要性

一个管廊工程建设项目造价文件的纵向对比研究分析，不仅要对其项目建议书、可行性研究估算、初步设计概算以及施工图预算阶段与前阶段展开对比研究，还要对各阶段技术指标（工程量、费用指标和基础单价、费用组成及比例）与前阶段展开对比研究，这样才能确定一个项目的哪个技术指标在哪个阶段影响了该项目造价的合理性。

在同一地区相同断面类型的管廊工程建设项目造价文件的横向对比研究分析，不仅要对其项目建议书、可行性研究估算、初步设计概算以及施工图预算阶段与该地区内其他项目展开对比研究，还要对各阶段技术指标（工程量、费用指标和基础单价、费用组成及比例）与该地区内其他项目展开对比研究，这样才能确定该地区内哪个项目的哪个技术指标出现异常，查找出哪个因素造成造价不合理。如何确定材料和运输价格的区间，如何有效分配综合管廊建设资源，如何提高造价管理部门审查的效率，如何编制招标投标控制价文件及编制合理的概预算等等问题，都是可以通过综合管廊造价纵、横向研究分析的方法来解决。

4.1.2　技术指标

工程量、费用指标和基础单价、费用组成及比例是研究综合管廊工程造价的技术指标的关键出发点。

1. 工程量

工程量过低或者过高对造价都会有较太的影响。例如一个设计、施工等各方面都不复杂的综合管廊项目路线短，但工程量比较大，那就会导致单位造价偏高，合理的工程量需要设计、施工、管理等每一个环节都严格把控，才不会发生工程量不合理的情况。

2. 费用指标和基础单价

单位经济指标即为费用指标，它可以用来预测未来新建管廊工程的造价情况。

基础单价则是指工程建设所需人材机和设备工器具等单位价格消耗量的总称。工程单价是否合理对工程造价的影响是很大的。

3. 费用组成及比例

费用组成及比例的合理性直接影响到工程造价，因此科学合理的费用组成及比例是我们检验工程造价是否合理的关键因素。

4.2　明挖现浇城市地下综合管廊工程造价纵向对比

4.2.1　纵向研究分析的目的及意义

工程造价指标的纵向研究分析是针对某一造价指标将它在同一工程的不同阶段造价展开对比分析，对比分析同一工程不同阶段之间的造价变化，从而检核各个阶段的造价指标是否出现异常。

要对保山市明挖现浇城市地下综合管廊各工程项目的不同阶段中的不同工程造价进行纵向对比分析研究，需从同一个工程的分部分项工程造价指标入手，查找出是哪些因素，尤其是主要因素，造成不同阶段的工程造价指标波动变化，从而对各工程的不同阶段造价变化的特点进行总结。

4.2.2 分析方法及对象

纵向对比分析研究是同一工程在不同阶段根据工程造价指标展开对比分析的一种研究分析方法。首先，计算同一项目估算、概算和预算阶段的造价指标；然后，根据这一综合管廊工程项目各分部分项工程的造价指标，进而绘制指标对比曲线图；最后，对比分析该工程估算、概算和预算阶段的费用情况，即为综合管廊工程造价纵向对比研究分析的方法。

4.2.3 纵向对比分析实例

对海棠路综合管廊项目估算阶段造价、概算阶段造价进行纵向比较。纵向比较结果见表 4-1 所示。

表 4-1 估算、概算费用及所占比例对比表

序号	项目名称	估算金额/万元	估算费用比例	概算金额/万元	概算费用比例	（概-估）/估
第一部分费用	建筑安装工程费	28 955.41	81.50%	28 198.19	81.41%	-2.62%
一	管廊					
（一）	标准段工程	10 245.7	28.84%	10 241.36	29.57%	-0.04%
（二）	通风段工程	2 700	7.60%	2 383.57	6.88%	-11.72%
（三）	出入口段工程	265.41	0.75%	189.65	0.55%	-28.54%
（四）	端井段工程			97.58	0.28%	
（五）	吊装口工程	1 210.35	3.41%	1 114.35	3.22%	-7.93%
（六）	管线分支口工程	1 444.35	4.07%	1 396.92	4.03%	-3.28%
（八）	交叉口工程	1 188.9	3.35%	792.6	2.29%	-33.33%
（九）	倒虹吸工程			787.74	2.27%	
（十）	电气	1 918.57	5.40%	1 918.57	5.54%	0.00%
（十一）	监控	1 523.93	4.29%	1 523.93	4.40%	0.00%

序号	项目名称	估算金额/万元	估算费用比例	概算金额/万元	概算费用比例	（概-估）/估
（十二）	其他设备	569.54	1.60%	569.54	1.64%	0.00%
（十三）	支架	423.66	1.19%	367.39	1.06%	-13.28%
二	监控中心	5 500	15.48%	5 000	14.43%	-9.09%
三	其他工程	1 965	5.53%	1 815	5.24%	-7.63%
第二部分费用	工程建设其他费用	3 080.73	8.67%	3 447.74	9.95%	11.91%
（一）	建设管理费	794.88	2.24%	837.57	2.42%	5.37%
1	建设单位管理费	301.92	0.85%	301.8	0.87%	-0.04%
2	建设工程监理费	492.96	1.39%	535.77	1.55%	8.68%
（二）	建设项目前期咨询费用	86.6	0.24%	106.42	0.31%	22.89%
1	编制项目建议书	18.6	0.05%	27.51	0.08%	47.90%
2	编制可行性研究报告	49.8	0.14%	55.62	0.16%	11.69%
3	评估项目建议书	8.5	0.02%	10.35	0.03%	21.76%
4	评估可行性研究报告	9.7	0.03%	12.94	0.04%	33.40%
（三）	勘测设计费	1 113.25	3.13%	1 335.71	3.86%	19.98%
1	工程勘测费	216.6	0.61%	310.18	0.90%	43.20%
2	工程设计费	896.65	2.52%	1 025.53	2.96%	14.37%
（四）	施工图预算编制费	86.56	0.24%	102.55	0.30%	18.47%
（五）	竣工图编制费	75.76	0.21%	82.04	0.24%	8.29%
（六）	环境影响咨询费	22.89	0.06%	28.15	0.08%	22.98%
（七）	招标代理费用	86.56	0.24%	121.54	0.35%	40.41%
（八）	工程量清单编制费	113.9	0.32%	55.52	0.16%	-51.26%
（九）	施工阶段全过程造价控制费	145.86	0.41%	159.39	0.46%	9.28%

序号	项目名称	估算金额/万元	估算费用比例	概算金额/万元	概算费用比例	(概-估)/估
（十）	施工图设计文件审查费	61.54	0.17%	86.82	0.25%	41.08%
（十一）	场地准备及临时设施费	263.25	0.74%	281.98	0.81%	7.11%
（十二）	工程保险费	109.6	0.31%	126.89	0.37%	15.78%
（十三）	安全评审费	73.66	0.21%	84.59	0.24%	14.84%
（十四）	联合试运转费	46.42	0.13%	38.56	0.11%	-16.93%
第三部分费用	预备费	2 631.62	7.41%	2 531.67	7.31%	-3.80%
第四部分费用	建设期利息	860.24	2.42%	461.4	1.33%	-46.36%
	总投资	35 528	100.00%	34 639	100.00%	-2.50%

对比结论如下：

1）第一部分费用——建筑安装工程费

工程第一部分费用建筑安装工程费，估算的费用比例为 81.5%，概算的费用比例为81.41%，概算费用与估算费用比较降低了2.62%。

2）第二部分费用——工程建设其他费

工程第二部分费用工程建设其他费，估算的费用比例为 8.67%，概算的费用比例为9.95%，概算费用与估算费用比较增加了11.91%。

3）第三部分费用——预备费

工程第三部分费用预备费，估算的费用比例为 7.41%，概算的费用比例为7.31%，概算费用与估算费用比较降低了3.8%。

4）第四部分费用——建设期利息

工程第四部分费用建设期利息，估算的费用比例为 2.42%，概算的费用比例为1.33%，概算费用与估算费用比较降低了46.36%。

5）管廊总造价

管廊工程总造价对比，估算的项目总金额为 35528 万元，概算的项目总金额为 34639 万元，概算费用与估算费用比较降低了 2.5%。

4.3　明挖现浇城市地下综合管廊工程造价横向对比

4.3.1　横向研究分析的目的及意义

工程造价指标的横向研究分析是针对同一个造价指标将它在不同管廊工程中的同一阶段的造价指标展开对比分析，对比分析同一阶段中不同管廊工程之间的造价指标变化情况，从而检核各个阶段的造价指标是否出现异常。

要对保山市明挖现浇城市地下综合管廊各工程项目不同阶段中的不同工程造价展开横向对比分析研究，需要从各个项目的分部分项工程造价指标入手，查找出哪些因素，尤其是主要造成不同阶段的工程造价波动的因素，从而对各个工程不同阶段中的造价变化特点进行总结。

4.3.2　分析方法及对象

横向对比分析研究是不同工程在同一阶段，根据工程造价指标展开对比分析研究的一种分析方法。首先，计算不同工程的估算、概算、预算阶段的造价指标；然后，按照不同综合管廊工程项目各分部分项工程造价指标，进而绘制指标对比曲线图；最后，对比分析不同工程估算、概算、预算阶段的费用状况，即为综合管廊工程造价横向对比研究分析的方法。

4.3.3　横向对比分析研究实例

1. 概算造价指标分析研究算例

对收集到的九龙路综合管廊、惠通路综合管廊、东城大道综合管廊、海棠路综合管廊、兰城路综合管廊、纬三路综合管廊、升阳路综合管廊等同断面单仓综合管廊概算造价数据进行单位长度的费用指标横向研究分析，分析结果如表 4-2 及图 4-1 所示。

表 4-2　概算经济指标横向分析表

单位：元/m

管廊项目名称	长度/m	建安费指标	工程建设其他费	预备费	建设期利息	总造价
九龙路综合管廊	1 700	43 089	6 266	3 809	2 344	55 508
惠通路综合管廊	440	51 317	7 677	6 327	3 982	69 302
东城大道综合管廊	4 140	39 454	4 236	4 717	2 949	51 357
海棠路综合管廊	6 011	32 717	5 736	4 212	768	43 432
兰城路综合管廊	680	39 746	6 972	3 738	865	51 321
纬三路综合管廊	2 657	35 715	5 091	3 150	1 938	45 893
升阳路综合管廊	2 279.7	40 896	5 931	4 215	976	52 018
平均值		40 040	5 987	4 310	1 975	52 311

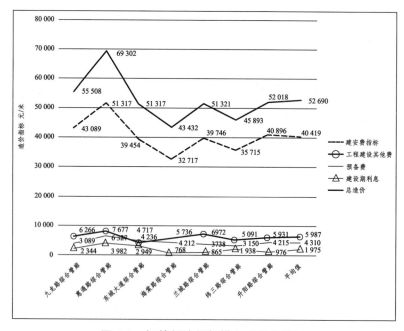

图 4-1　概算经济指标横向对比曲线图

与此同时，对这几条管廊的概算造价指标各比例进行分析。分析结果见表 4-3 及图 4-2 所示。

表 4-3   概算指标比例横向分析表

管廊项目名称	建安费 指标比例	工程建设 其他费比例	预备费 比例	建设期 利息比例	总造价 比例
九龙路综合管廊	77.63%	11.29%	6.86%	4.22%	100.00%
惠通路综合管廊	74.05%	11.08%	9.13%	5.75%	100.00%
东城大道综合管廊	76.82%	8.25%	9.19%	5.74%	100.00%
海棠路综合管廊	75.33%	13.21%	9.70%	1.77%	100.00%
兰城路综合管廊	76.22%	14.33%	7.68%	1.78%	100.00%
纬三路综合管廊	77.82%	11.09%	6.86%	4.22%	100.00%
升阳路综合管廊	78.62%	11.40%	8.10%	1.88%	100.00%
平均值	76.54%	11.44%	8.24%	3.77%	100.00%

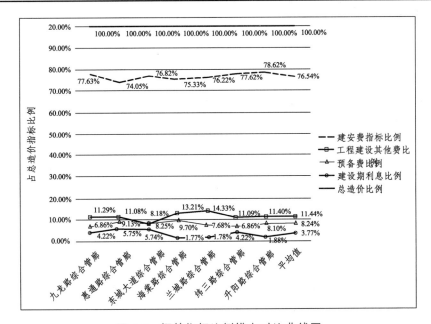

图 4-2   概算指标比例横向对比曲线图

估算、预算阶段的横向分析方法如概算造价指标所述，这里不再另行分析。

2. 单位工程造价指标分析算例

根据保山市明挖现浇城市地下综合管廊不同阶段造价数据资料展开计算，研究分析单位工程造价指标的变化规律与特点。首先，统计出估算、概算和预算中单位工程费用所占建安费比例；然后，计算出单位工程单位长度的造价指标；最后，以估算、概算和预算的单位工程所占建安费比例为横坐标，单位长度造价指标为纵坐标绘制散点图，并且对散点图进行拟合，从而得到单位工程造价指标与比例的关系。

现以标准段工程为例。

针对标准段工程不同的造价阶段（估算、概算、预算）的造价指标与其对应的建安费百分比展开分析。结果见表4-4。然后再做造价指标和建安费百分比的散点图并且进行拟合，从而得到标准段工程造价指标与比例的关系。如图4-3所示。

表4-4　标准段工程占建安费造价指标与比例分析表

项目名称	估算		概算		预算		汇总	
	造价指标/（元/m）	占建安费比例	造价指标/（元/m）	占建安费比例	造价指标/（元/m）	占建安费比例	造价指标/（元/m）	占建安费比例
九龙路综合管廊	20 138	37.10%					20 138	37.10%
惠通路综合管廊	20 138	27.67%					20 138	27.67%
东城大道综合管廊	20 138	32.89%					20 138	32.89%
纬三路综合管廊	18 307	39.32%					18 307	39.32%
龙泉路综合管廊	20 138	34.79%					20 138	34.79%
象山路综合管廊	18 307	37.93%					18 307	37.93%

项目名称	估算		概算		预算		汇总	
	造价指标/（元/m）	占建安费比例	造价指标/（元/m）	占建安费比例	造价指标/（元/m）	占建安费比例	造价指标/（元/m）	占建安费比例
南城路综合管廊	21 053	29.86%					21 053	29.86%
升阳路综合管廊	20 138	38.36%					20 138	38.36%
海棠路综合管廊	25 112	38.63%					25 112	38.63%
兰城路1综合管廊	21 097	31.50%					21 097	31.50%
兰城路2综合管廊	20 138	31.51%					20 138	31.51%
平均值	20 428	34.51%					20 428	34.51%
九龙路综合管廊			20 385	39.46%			20 385	39.46%
惠通路综合管廊			20 581	27.34%			20 581	27.34%
东城大道综合管廊			17 537	32.16%			17 537	32.16%
纬三路综合管廊			20 581	38.54%			20 581	38.54%
龙泉路综合管廊			20 635	28.57%			20 635	28.57%
象山路综合管廊			19 178	33.66%			19 178	33.66%
南城路综合管廊			22 411	31.74%			22 411	31.74%
升阳路综合管廊			23 882	30.97%			23 882	30.97%
海棠路综合管廊			25 163	36.32%			25 163	36.32%

项目名称	估算		概算		预算		汇总	
	造价指标/（元/m）	占建安费比例	造价指标/（元/m）	占建安费比例	造价指标/（元/m）	占建安费比例	造价指标/（元/m）	占建安费比例
兰城路1综合管廊			23 153	29.13%			23 153	29.13%
兰城路2综合管廊			22 956	35.69%			22 956	35.69%
平均值			21 497	33.05%			21 497	33.05%
九龙路综合管廊					21 781	38.60%	21 781	38.60%
惠通路综合管廊					21 733	28.42%	21 733	28.42%
东城大道综合管廊					19 181	32.48%	19 181	32.48%
纬三路综合管廊					21 464	37.97%	21 464	37.97%
龙泉路综合管廊					21 593	31.56%	21 593	31.56%
象山路综合管廊					20 570	35.49%	20 570	35.49%
南城路综合管廊					23 529	30.88%	23 529	30.88%
升阳路综合管廊					24 479	35.36%	24 479	35.36%
海棠路综合管廊					26 071	36.32%	26 071	36.32%
兰城路1综合管廊					24 585	30.68%	24 585	30.68%
兰城路2综合管廊					24 954	34.28%	24 954	34.28%
平均值					22 722	33.82%	22 722	33.82%

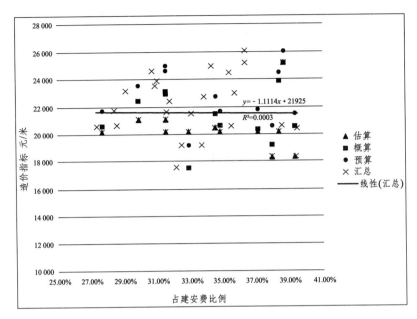

图 4-3　标准段工程占建安费造价指标与比例关系图

通过上述分析，可以得到标准段工程造价指标与占建安费百分比的关系为

$$y = -1\,114 \cdot x + 21\,925$$

式中：y 为造价指标（元/米）；

x 为占建安费百分比。

按照上述研究方法可以分别计算出：通风段工程、出入口段工程、端井段工程、吊装口段工程、管线分支口段工程、分变电所工程、交叉口工程、倒虹吸工程、电气工程、监控及其他设备等造价指标与占建安费百分比的关系式。

3. 分部分项工程造价指标研究分析算例

以标准段工程挖土方和碎石回填为例，对估算、概算和预算阶段的标准段工程中挖填方造价指标展开统计分析研究。结果见表 4-5 和 4-6。

表 4-5 开挖土方造价指标分析表

名称	指标单位	项目造价阶段	最小值	最大值	平均值
挖土方	元/m³	估算	7.00	13.20	11.30
		概算	6.00	9.02	7.14
		预算	7.64	14.36	10.85
		估、概、预	6.00	14.36	9.76

表 4-6 碎石回填造价指标分析表

名称	指标单位	项目造价阶段	最小值	最大值	平均值
碎石回填	元/m³	估算	75.00	110.00	95.00
		概算	77.00	109.29	93.27
		预算	72.00	112.90	96.48
		估、概、预	72.00	112.90	94.92

4.4 工程造价指标纵向、横向研究分析结论

运用造价指标纵、横向研究分析方法分析了保山市明挖现浇城市地下综合管廊工程项目各个阶段造价指标的易变因素和变化情况。纵向对比了保山市近年来各综合管廊工程项目各阶段造价情况，横向对比了保山市近年来各管廊项目之间的造价指标。

4.4.1 造价指标纵向对比分析结果

对收集到的明挖现浇城市地下综合管廊项目的不同阶段造价数据资料进行纵向研究分析，分析结果如下所示：

1）第一部分——建筑安装工程费

概算与估算比较，多个管廊项目出现概算超估算情况。其中，九龙路综合管廊超 39%、东城大道综合管廊超 23.39%、沙丙路综合管廊超 2.41%、纬三路综合管廊超 26.22%、北七路综合管廊超 1.52%、兰城路综合管廊超 7.31%。

预算与概算比较，根据统计的管廊项目来看，预算超概算的情况仅

有 1 个，其余皆为降。其中，龙泉路综合管廊超 23.46%、九龙路综合管廊降 18.74%、海棠路综合管廊降 5.37%、升阳路综合管廊降 8.67%。

2）第二部分——工程建设其他费

概算与估算比较，统计的 8 个管廊项目中有 6 个为超 2 个为降。其中，九龙路综合管廊超 56.24%、惠通路综合管廊超 24.32%、海棠路综合管廊超 16.89%、纬三路综合管廊超 34.16%、东城大道综合管廊超 16.88%、兰城路综合管廊超 9.66%、象山路综合管廊降 2.8%、南城路综合管廊降 5.76%。

预算与概算比较，预算超概算的情况占比不高。其中，兰城路综合管廊超 3.58%、象山路综合管廊超 7.69%、南城路综合管廊超 6.72%、九龙路综合管廊降 15.86%、惠通路综合管廊降 5.96%、海棠路综合管廊降 3.24%、纬三路综合管廊降 2.88%、东城大道综合管廊降 0.95%。

3）工程总造价

概算与估算比较，多个管廊项目出现概算超估算情况。其中，九龙路综合管廊超 23.11%、东城大道综合管廊超 16.79%、沙丙路综合管廊超 6.84%、纬三路综合管廊超 3.18%、北七路综合管廊超 0.97%、兰城路综合管廊超 5.63%、南城路综合管廊超 1.29%、象山路综合管廊超 9.63%、海棠路综合管廊降 0.37%。

预算与概算比较，预算超概算的情况比较少。其中，九龙路综合管廊降 4.13%、东城大道综合管廊降 2.19%、沙丙路综合管廊降 0.34%、纬三路综合管廊超 1.86%、北七路综合管廊超 0.82%、兰城路综合管廊降 0.49%、南城路综合管廊降 0.02%、象山路综合管廊降 1.58%、海棠路综合管廊降 0.08%。

4.4.2　造价指标横向对比分析结果

通过对保山市单仓明挖现浇城市地下综合管廊估算、概算和预算的造价指标横向研究分析发现，建筑安装工程费与总造价指标随着工程造价阶段的深入而逐步减少。研究分析结果为：

（1）建安费指标（平均值）：33 915 元/米（估算）> 32 689 元/米（概

算）>31 656 元/米（预算）。

（2）工程总造价指标（平均值）：55 868 元/米（估算）>53 481 元/米（概算）>49 738 元/米（预算）。

建安费造价比例（平均值）随着工程造价阶段的深入而逐步增加。数据分析结果为：76.83%（估算）<78.52%（概算）<80.29%（预算）。

建安费造价指标横向分析结果如下：

（1）标准段工程指标（平均值）从高到低为：25 112 元/米（概算）>21 097 元/米（估算）>20 456 元/米（预算）；所占建安费比例从高到低为：28.43%（预算）>27.65%（估算）>26.46%（概算）。

（2）通风段工程指标（平均值）从高到低为：36 000 元/米（估算）>34 104 元/米（概算）>32 774 元/米（预算）；所占建安费比例从高到低为：13.74%（概算）>11.86%（估算）>11.8%（预算）。

（3）出入口段工程指标（平均值）从高到低为：31 234 元/米（概算）>29 865 元/米（估算）>28 658 元/米（预算）；所占建安费比例从高到低为：2.6%（概算）>2.12%（预算）>1.94%（估算）。

（4）端井段工程指标（平均值）从高到低为：26 987 元/米（估算）>25 628 元/米（概算）>23 659 元/米（预算）；所占建安费比例从高到低为：0.87%（估算）>0.65%（概算）>0.58%（预算）。

（5）吊装口段工程指标（平均值）从高到低为：31 956 元/米（估算）>29 730 元/米（预算）>28 965 元/米（概算）；所占建安费比例从高到低为：5.88%（概算）>5.32%（估算）>5.09%（预算）。

（6）管线分支口段工程指标（平均值）从高到低为：28 653 元/米（预算）>26 848 元/米（概算）>25 948 元/米（估算）；所占建安费比例从高到低为：7.63%（概算）>6.98%（预算）>6.59%（估算）。

（7）分变电所工程指标（平均值）从高到低为：23 256 元/米（估算）>21 097 元/米（概算）>19 865 元/米（预算）；所占建安费比例从高到低为：1.35%（概算）>0.99%（估算）>0.86%（预算）。

（8）交叉口段工程指标（平均值）从高到低为：42 389 元/米（概算）>40 275 元/米（估算）>38 785 元/米（预算）；所占建安费比例从高到低为：8.64%（概算）>7.61%（估算）>7.26%（预算）。

（9）倒虹吸段工程指标（平均值）从高到低为：39 589 元/米（预算）>37 689 元/米（估算）>35 697 元/米（概算）；所占建安费比例从高到低为：5.12%（预算）>4.61%（估算）>4.43%（概算）。

（10）电气工程指标（平均值）从高到低为：896.46 万元（预算）>875.71万元（概算）>841.69 万元（估算）；所占建安费比例从高到低为：9.83%（概算）>8.21%（估算）>8.06%（预算）。

（11）监控工程指标（平均值）从高到低为：901.63 万元（预算）>858.27万元（估算）>799.56 万元（概算）；所占建安费比例从高到低为：9.79%（概算）>8.83%（预算）>8.29%（估算）。

（12）其他设备工程指标（平均值）从高到低为：335.52 万元（预算）>302.14 万元（概算）>288.17 万元（估算）；所占建安费比例从高到低为：8.96%（概算）>7.97%（估算）>7.38%（预算）。

单位工程造价指标横向分析结果：根据收集到的云南地区综合管廊项目的不同阶段造价数据资料展开研究分析单位工程（标准段工程、通风段工程、出入口段工程、端井段工程、吊装口段工程、管线分支口段工程、分变电所工程、交叉口工程、倒虹吸工程等）造价指标变化规律与特点。首先，统计出估算、概算和预算中单位工程费用所占建安费比例，接着再计算出单位工程单位长度的造价指标，然后，以估算、概算和预算的单位工程所占建安费比例为横坐标，单位长度造价指标为纵坐标绘制散点图，并且对散点图进行拟合，从而到单位工程造价指标与比例的关系。皆呈现出造价指标随着所占建安费比例的增加而减小，其中交叉口工程及管线分支口工程表现最为明显，标准段工程、倒虹吸工程、吊装口工程其次，通风口工程和出入口工程相对最不明显。

4.5　工程造价指标的敏感性分析

4.5.1　敏感性分析的方法、对象及步骤

1. 敏感性分析的方法

式（4-1）中，x_i 为公式的第 i 个属性值（$i=1, 2, \cdots, n$），让每一个属

性值都在取值范围内变化，研究分析因这些值的变化而对 y 值的影响程度大小。在控制保山市明挖现浇城市地下综合管廊工程造价的研究当中引用敏感性分析的方法，寻找出最为敏感的因素，分析出各个因素的变化对工程造价指标的影响程度，从而达到科学合理地控制管理工程造价的目的。

$$y = f(x_1, x_2, \cdots, x_n)$$ （4-1）

2. 敏感性分析的对象

敏感性分析研究的对象主要是对保山市明挖现浇城市地下综合管廊工程造价指标影响的不确定因素，要科学合理地选取对综合管廊工程造价影响较大的主要因素展开重点分析研究。

影响保山市明挖现浇城市地下综合管廊工程造价的敏感性因素，从微观上讲主要是单价和工程量。影响保山市明挖现浇城市地下综合管廊工程造价的敏感性因素，从宏观上讲主要是：市场环境、地域环境、政策法规、设计方案、投资决策、施工组织和措施等。综合管廊项目的建设为了控制工程造价那就得降低工程造价，但是盲目不科学地压低整个项目的工程造价并不是经济合理的，因此，我们要展开对综合管廊工程造价敏感性因素的研究分析，可以从工程量指标展开研究，查找筛选出那些对工程量和单价指标影响较大的各个分部分项工程项。换而言之，微观方面那些对单价和工程量影响较大的分部分项工程项即为敏感性因素。

3. 敏感性分析的步骤

单因素敏感性分析研究某个因素不变，设定其中一个因素发生一定幅度变化之后，计算分析出由于此因素的变化对指标的影响程度。假如此因素在一定的变化范围内发生较大的指标变化，那么此因素即为敏感性因素；反之，为非敏感性因素。按照敏感性大小通过排序我们可以得到各个因素对确定为目标指标的影响程度大小。通过对敏感性大小的研究，我们可以分析得出研究哪些因素是可以有效地控制工程造价。

多因素敏感性分析研究多个因素同时在一定幅度发生变化时对某一

个或某几个目标指标的影响程度。每个变化因素因为外界客观事物发展的联系性，其并非独立存在，所以其中一个因素的变化，或多或少将会涉及其他因素的变化。因此，多因素敏感性分析得到的结果会更加真实合理，但是其特点就是计算量大、费时长、难度高。

本研究选用单因素敏感性分析方法展开对保山市明挖现浇城市地下综合管廊工程的各项分部分项工程造价指标的分析。具体研究分析步骤如下：

1）确定所要分析的目标指标

通常对工程造价进行研究分析会选取设备工器具购置费、建安费、总造价等占比较高，并且可以反映出该工程真实经济现象的总费用指标。

2）选择发生变化的不确定因素

选择不确定因素一定要从工程造价的敏感性分析角度出发，且以目标指标的真实情况而定，即选择发生变化后使目标指标也发生影响的因素来展开分析。

3）分析计算不确定因素变化对目标指标的影响程度

运用单因素敏感性分析法，改变其中一个不确定因素，但在其他不确定因素保持不变的条件下计算分析目标指标相应的变化值，进行逐个设定不确定因素的变化幅度之后，再将某一不确定因素按照此幅度进行调整（本次研究设定的幅度为：-10%、-5%、+5%、+10%），将进行调整后得到的数值带入目标指标的计算当中，从而得到变化为该幅度时的不确定因素的目标指标。最后再与未调整的、首次计算出的目标指标相除得到比值，即为该目标指标的变化幅度，每个不确定因素按照不同的设定幅度重复计算。

4）目标指标的敏感性判断

将不确定因素对目标指标的敏感程度按照大小顺序进行排列，并分析影响程度。对每个不确定因素都唯一变化某一设置百分比时，目标指标按照对应的变化程度进行依次排序。

4.5.2 总造价指标敏感性分析研究

按照上节敏感性分析研究的方法和步骤，以保山市明挖现浇城市地下综合管廊概算造价指标为例分别进行敏感性分析。分析结果如下：

对保山市明挖现浇城市地下综合管廊造价指标进行统计分析，对九龙路、惠通路、东城大道、海棠路、兰城路、纬三路、升阳路等同断面单仓综合管廊概算造价数据资料进行单位长度的造价指标及比例分析其概算平均值。分析结果见表 4-7。

表 4-7　明挖现浇城市地下综合管廊概算造价指标及所占比例

费用名称	造价指标/（元/米）	所占比例
第一部分　建安费指标	40 040	76.54%
第二部分　工程建设其他费	5 987	11.44%
第三部分　预备费	4 310	8.24%
第四部分　建设期利息	1 975	3.77%
总造价	52 311	100.00%

保山市明挖现浇城市地下综合管廊工程总造价指标的敏感性分析研究结果。见表 4-8 所示。位于表格的第一列的各项组成费用名称为综合管廊工程总造价指标的不确定因素，然后根据不确定的因素的最大值设定一个变化区间为-10% ~ +10%，再设定-10%、-5%、0%、+5%、+10%把原始数据按照区间分类。

表格中第一行给出的是不确定因素的变化百分比，分别在原始值的基础之上变化-10%、-5%、0%、+5%、+10%。表格的第二、三、四、五、六列分别代表变化程度为-10%、-5%、0%、+5%、+10%时，总造价指标与原始总造价指标比值的变化程度。

表 4-8 即为保山市明挖现浇城市地下综合管廊概算造价指标建安费敏感性分析研究的结果。通过表 4-8 可以绘制出保山市明挖现浇城市地下综合管廊概算总造价指标敏感性变化情况图。如图 4-4 所示。

表 4-8 保山市综合管廊概算造价指标建安费敏感性分析

不确定因素变化范围	−10%	−5%	0%	5%	10%
第一部分 建安费指标	−7.65%	−3.83%	0.00%	3.83%	7.65%
第二部分 工程建设其他费	−1.14%	−0.57%	0.00%	0.57%	1.14%
第三部分 预备费	−0.82%	−0.41%	0.00%	0.41%	0.82%
第四部分 建设期利息	−0.38%	−0.19%	0.00%	0.19%	0.38%

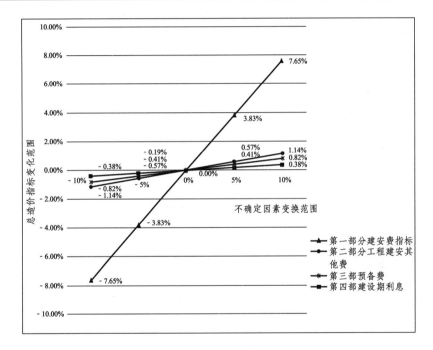

图 4-4 保山市综合管廊概算总造价指标敏感性变化范围图

通过以上敏感性分析图表可得，保山市明挖现浇城市地下综合管廊分部工程中第一部分建筑安装工程费指标为总造价指标最敏感的因素，其次是第二部分工程建设其他费，第三部分预备费和第四部分建设期利息为敏感性较低的因素。

4.5.3 建安费造价指标敏感性分析

通过上一节的结论可得出，建安费指标在工程总造价费用中的占比很高。建筑安装工程费根据估算、概算和预算编制办法可知，建安费由直接费、间接费、税金、计划等四部分组成，是工程建设中直接被用于构成工程实体的费用。若按项目构成分类，其包括标准段工程、通风段工程、出入口段工程、端井段工程、吊装口段工程、管线分支口段工程、分变电所工程等。

因此，以管廊概算中的建筑安装工程费为例展开敏感性分析研究。保山市地区各分部工程在建筑安装工程费中，标准段工程、通风段工程、出入口段工程、端井段工程、吊装口段工程、管线分支口段工程、分变电所工程等的造价指标（仅为结构工程每延米造价指标，不包括土石方工程和基坑支护的费用）与平均建安费造价指标的比值，见表4-9。

表4-9　保山市综合管廊各分部工程造价指标与平均建安费指标的比值

名称	造价指标/（元/米）	比值
标准段工程指标	21 097	52.69%
通风段工程指标	34 104	85.17%
出入口段工程指标	29 865	74.59%
端井段工程指标	25 628	64.01%
吊装口段工程指标	29 730	74.25%
管线分支口段工程指标	26 848	67.05%
分变电所工程指标	21 097	52.69%
交叉口段工程指标	40 275	100.59%
倒虹吸段工程指标	37 689	94.13%
平均建安费指标	40 040	100%

表4-10为保山市明挖现浇城市地下综合管廊概算建安费造价指标敏感性分析研究的结果。根据表4-10可以绘制出工程概算总造价指标的敏感性分析图。如图4-5所示。

表 4-10　保山市综合管廊概算建安费造价指标敏感性分析研究结果表

不确定因素变化范围	−10.00%	−5.00%	0.00%	5.00%	10.00%
标准段工程指标	−4.03%	−2.02%	0.00%	2.02%	4.03%
通风段工程指标	−6.52%	−3.26%	0.00%	3.26%	6.52%
出入口段工程指标	−5.71%	−2.85%	0.00%	2.85%	5.71%
端井段工程指标	−4.90%	−2.45%	0.00%	2.45%	4.90%
吊装口段工程指标	−5.68%	−2.84%	0.00%	2.84%	5.68%
管线分支口段工程指标	−5.13%	−2.57%	0.00%	2.57%	5.13%
分变电所工程指标	−4.03%	−2.02%	0.00%	2.02%	4.03%
交叉口段工程指标	−7.70%	−3.85%	0.00%	3.85%	7.70%
倒虹吸段工程指标	−7.20%	−3.60%	0.00%	3.60%	7.20%

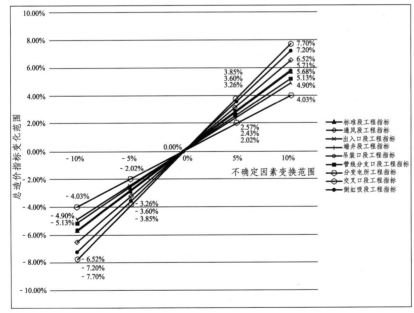

图 4-5　保山市综合管廊概算建安费造价指标敏感性分析图

　　根据上述分析结果可以总结出，概算建安费单位工程的敏感性程度从大到小依次为：交叉口段工程、倒虹吸工程、通风段工程、出入口段工程、吊装口段工程、管线分支口段工程、端井段工程、分变电所段工程、标准段工程。

同理可知：

估算建安费单位工程的敏感性程度从大到小依次为：交叉口段工程、倒虹吸工程、通风段工程、出入口段工程、吊装口段工程、管线分支口段工程、端井段工程、分变电所段工程、标准段工程。

预算建安费单位工程的敏感性程度从大到小依次为：交叉口段工程、倒虹吸工程、通风段工程、出入口段工程、吊装口段工程、管线分支口段工程、端井段工程、分变电所段工程、标准段工程。

交叉口、倒虹吸、通风口、出入口、吊装口、管线分支口工程由于占建安费的比例高，导致敏感性相对也比较高。所以，为了有效控制管理保山市明挖现浇城市地下综合管廊建设项目总造价，应该在设计、施工、建设的全过程造价控制中重点针对以上部分的人材机、单价及工程量进行科学合理的控制。

4.5.4　敏感性分析结论

对明挖现浇城市地下综合管廊建安费、总造价指标等造价指标的敏感性进行分析，得出以下结果：

（1）保山市明挖现浇城市地下综合管廊工程的估、概、预算总造价指标敏感因素在-10%～+10%范围内浮动，第一敏感因素是总造价指标中的第一部分建安费，第二敏感因素是第二部分工程建设其他费，第三敏感因素是第三部分预备费，最不敏感的因素为第四部分建设期利息。

（2）保山市明挖现浇城市地下综合管廊工程的估、概、预算建安费指标敏感因素在-10%～+10%范围内，由于交叉口、倒虹吸、通风口、出入口、吊装口、管线分支口工程占建安费的比例较高，所以对建安费的总费用影响比较大，从而导致其敏感性也比较高。

因此，在城市地下综合管廊的建设之中，往往会因非标准段的数量大小而决定整个管廊工程的造价。

5

城市地下综合管廊工程造价指数体系及预测模型

5.1 城市地下综合管廊工程造价指数体系构建

指数是用来统计研究社会经济现象数量变化幅度和趋势的一种特有的分析方法和手段。指数有广义和狭义之分。广义的指数指反映社会经济现象变动与差异程度的相对数。而从狭义上说，统计指数是用来综合反映社会经济现象复杂总体数量变动状况的相对数。

5.1.1 造价指数的分类

造价指数可以有如下三种不同的分类方式：

（1）指数按其所反映的现象范围的不同，分为个体指数和综合指数。个体指数是反映个别现象变动情况的指数。如个别材料或者个别工种的价格指数等。综合指数是综合反映不能同度量的现象动态变化的指数，如隧道工程或者桥梁工程的每延米造价等。

（2）指数按照采用的基期不同，可分为定基指数和环比指数。当对一个时间数列进行分析时，计算动态分析指标通常用不同时间的指标值作对比。在动态对比时作为对比基础时期的水平，叫基期水平；所要分析的时期（与基期相比较的时期）的水平，叫报告期水平或计算期水平。定基指数是指各个时期指数都是采用同一固定时期为基期计算的，表明社会经济现象对某一固定基期的综合变动程度的指数。环比指数是以前一时期为基期计算的指数，表明社会经济现象对上一期或前一期的综合变动的指数。定基指数或环比指数可以连续将许多时间的指数按时间顺序加以排列，形成指数数列。

（3）按照造价指数作用的不同，可以分为调整指数和预测指数。调整指数研究的是从过去某一个时点到现在这一时段，在这一时段内造价各组成部分发生了变化，调整指数是用来调整已经发生的造价变化的造价分析手段。预测指数研究的则是从现在开始到未来某一个时点工程造价可能发生的变化，通过某些特定的方法对未来工程造价各个部分可能发生的变化进行预测。

5.1.2　造价指数体系包含的内容

考虑到城市地下综合管廊工程项目的特点和我国各地的经济差异、地形差别，城市地下综合管廊工程造价指数必须按地形和工程类型划分，在此基础上，按费用项目进行细分，才能满足对城市地下综合管廊工程造价动态管理的需要。同时在考虑每一类代表性工程的造价指数时，不仅要考虑人材机等投入要素的变化，还要考虑实体工程量的差异以及消耗量的差异。根据上述城市地下综合管廊工程造价指数的概念和内涵，本研究提出的体系结构如图 5-1 所示。

在计算造价指数时，不可能把每类工程的所有项目都选择进去，而应在该类工程中选择有代表特征的一个或若干个典型范例工程，严格审查、复核和分析合理的消耗水平、建设标准和施工方法、剔除非正常因素的影响，作为测算当时该类工程造价指数的权重基础。同样，在计算人工、材料、机械造价指数时，也只能抽选若干个"代表投入品"代表工料机的物价变化水平。当然，要在科学分类的基础上抽样，确保所选择的"典型"工程和"代表投入品"有代表性。同时也没有必要在各个地区都编制造价指数，只需选择典型地区编制。

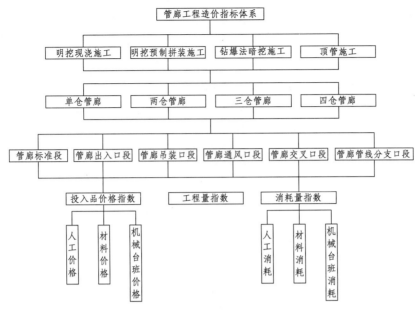

图 5-1   造价指数体系包含的内容

建立合理的工程造价指数体系，应考虑各级工程造价管理者的不同要求，并结合各地建设工程的实际情况，根据国家住房与城乡建设厅规定的工程计价程序和其发布的工程量清单计价规范进行分类 。工程造价指数的编制一般按照工程造价主要构成要素，先分别编制单项价格指数，然后再汇总编制综合指数。在编制较为合理的工程造价指数体系时，应按照国家住房与城乡建设厅规定的工程计价程序，根据建设工程决策阶段、设计阶段、工程交易阶段、施工阶段和竣工验收阶段的约束条件，分别编制项目估算指数、设计概算指数、施工图预算指数、竣工结算指数与决算指数，其中项目估算指数主要为综合造价指数。

5.1.3   管廊工程造价指数体系构建

根据管廊工程造价的构成体系，从大的方面管廊工程造价指数可划分建安费价格指数、征地拆迁费用价格指数、设备工器具价格指数；从中观的层面来分析，建安费价格指数按照专业类型的不同又可以划分为路线工程建安费价格指数、特大桥工程建安费指数、隧道工程价格指数；

从微观的层面来分析，各专业类型的建安工程费价格指数可以划分为投入品价格指数、工程量价格指数、消耗量价格指数。投入品价格指数包括人工价格指数、材料价格指数、机械价格指数。

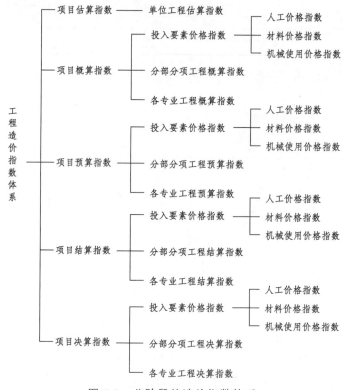

图 5-2　分阶段的造价指数体系

根据图 5-2 的造价指数划分，不同阶段的造价都涉及价格的调整问题，而项目的概算、预算、结算以及决算都是以设计图纸为基础计算出实体工程量，因此，计算出来的工程量都是相对比较准确的，在这几个阶段导致造价变化的因素主要是投入品价格的变化，因此当项目的设计深度足够时，价格的变化相对容易预测。而工程估算以可行性研究报告为基础，但工程可行性研究报告的深度较浅，工程量难以准确估算。同时，由于估算离工程竣工还有相当长的一段时间，各投入品的价格变化也更加容易产生大的变化。此外，投资估算的准确性对于项目的决策具有至关重要的作用，因此，投资估算阶段的造价指数更加具有研究价值和现实意义。故本项目对城市地下综合管廊工程造价指数的研究主要界定在对估算阶段造价指数的研究。综合前述分析，提出如图 5-3 所示的造价指数构成体系。

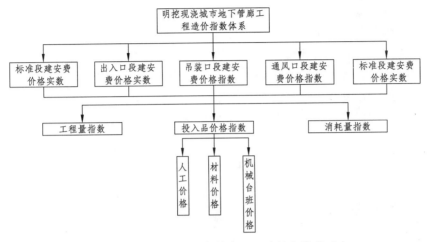

图 5-3　城市地下综合管廊工程造价指数构成

5.2　城市地下综合管廊工程造价指数模型的计算方法

5.2.1　拉氏指数模型

众所周知，在统计指数理论与现实中，拉斯贝尔（Laspeyres）指数公式（简称拉氏公式或 L 式）和派许（Paashe）指数公式（简称派氏公式或 P 式）最负盛名。大家知道，综合指数是总指数的基本形式，它的编制一般原则是：数量指标指数的权数是基期的质量指标，质量指标指数的权数是现期的数量指标。人们把这个原则与西方经济指数理论接起轨来，就说数量指标指数按拉氏公式编制，质量指标指数按派氏公式计算。但是，对这两公式的形式与内容没有统一认识。

在我国，颇有影响的统计著作是这样表述拉式的：用基期的销售额作为权数，对个体价格指数求加权算术平均数，得出一个综合价格指数公式；同时，用基期销售额对个体的物量指数求加权算术平均数，得出一个综合物量指数。这两个指数都是德国人拉斯贝尔于 1864 年提出的。对于派式是这样描述的：用报告期的销售额作为权数，对个体价格指数求加权算术平均数，得出一个综合价格指数公式；同时，用报告期销售额对个体物量指数求加权算术平均数，得出一个综合物量指数。这两个指数是德国人派许于 1874 年提出的。

拉氏（派氏）指数模型是这样构建的：取商品组合（X，Y，……），其对应商品价格在基期时为 $(P_{X_0}, P_{Y_0}, \cdots)$，报告期时变动为 $(P_{X_1}, P_{Y_1}, \cdots)$。对应于该商品组合，其消费品数量从基期的 $(X_0, Y_0, \cdots)$ 变动为报告期的 $(X_1, Y_1, \cdots)$，于是可以定义拉斯贝尔物价指数 I_{PL} 和派许物价指数 I_{PP} 如下：

拉氏价格指数公式
$$I_{PL} = \frac{P_{X_1}X_0 + P_{Y_1}X_0 + \cdots}{P_{X_0}X_0 + P_{Y_0}X_0 + \cdots} = \frac{\sum p_1 q_0}{\sum p_0 q_0}$$

派氏价格指数公式
$$I_{PP} = \frac{P_{X_1}X_1 + P_{Y_1}X_1 + \cdots}{P_{X_0}X_1 + P_{Y_0}X_1 + \cdots} = \frac{\sum p_1 q_1}{\sum p_0 q_1}$$

类似的，可以定义拉斯贝尔物量指数 I_{QL} 和派许物量指数 I_{QP} 如下：

拉氏物量指数公式
$$I_{QL} = \frac{X_1 P_{X_0} + Y_1 P_{Y_0} + \cdots}{X_0 P_{X_0} + Y_0 P_{Y_0} + \cdots} = \frac{\sum p_1 q_0}{\sum q_0 p_0}$$

派氏物量指数公式
$$I_{QP} = \frac{X_1 P_{X_1} + Y_1 P_{Y_1} + \cdots}{X_0 P_{X_1} + Y_0 P_{Y_1} + \cdots} = \frac{\sum p_1 q_1}{\sum q_0 p_1}$$

上述公式可以反映出物价或物量上涨或下降的变动百分比，但是不能反映出变动的幅度，也就是说，如果两组商品的拉氏指数或派氏指数相等，并不意味着就有相同的经济内容。

5.2.2 费雪理想指数模型

在综合指数的计算过程中，同度量因素不仅起着统一计算尺度的作用，而且还起到了权衡各种商品相对重要地位的作用。因此，选择的权数所属时期不同，对于同一组数据，拉氏公式和派式公式的计算结果是不一致的。

指数理论的经典学者费雪（I·Fisher）将这种权数类型的偏误称为

权偏，它取决于价格和销售量之间的相关情况。就价格指数而言，在价格和销售量呈反方向变动（即反相关）的某段时间内，对同一资料，拉氏公式以基期为权数，则存在上偏；而派式公式以报告期为权数，则存在下偏。反之，当价格和销售量呈正相关变动时，拉氏公式存在下偏，而派式公式存在上偏。通常情况，根据消费者追求最大效用的心理，价格与销售量之间是呈负相关的。

因此，对于同一资料，拉氏公式和派式公式的计算结果存在着不同方向的偏误，为了调和这两种指数的差异，费雪提出了"理想指数"计算公式，即：

物价指数计算公式 $I_{PF} = (L_P \times P_p)^{\frac{1}{2}} = \sqrt{\dfrac{\sum p_1 q_0}{\sum p_0 q_0} \times \dfrac{\sum p_1 q_1}{\sum p_0 q_1}}$

物量指数计算公式 $I_{PF} = (L_P \times P_q)^{\frac{1}{2}} = \sqrt{\dfrac{\sum q_1 p_0}{\sum q_0 p_0} \times \dfrac{\sum q_1 p_1}{\sum q_0 p_1}}$

费雪理想指数的提出迄今已有大半个世纪。但对此公式是否能够反映经济现实这一点，各方学者莫衷一是，至今未达共识，最主要的观点便是抨击此公式缺乏经济内容，事实上是指责它忽视了直观解释的要求。

要判断指数公式的适当程度，可以将指数的数值计算出来并进行检验。费雪曾将优质的指数公式描述为稳定的和无偏的，并提出了一系列检验方法来检验公式的稳定性和无偏性。其中应用最为广泛的有两种，一种是时序倒置检验，用来测定指数公式是否存在型偏；另一种是因子倒置检验，用来测定指数公式是否存在权偏。统计学家墨给特（D·Mudgett）在这一理论基础上提出了进一步的检验公式。以下是运用该检验公式对拉氏指数公式、派氏指数公式和费雪指数公式作出的检验。

5.2.3 函数指数模型

在指数理论界，有人曾把指数理论和方法的发展分为两个阶段：第一个阶段是原子法阶段，对应于统计指数；第二个阶段是函数法阶段，对应于函数指数（也有学者称为经济指数或经济理论指数）。

为了弥补原子法指数的缺陷，函数指数的基本出发点为：① 建立在各种商品价格、物量有机联系之上，不同于原子法指数视为独立变量来处理；② 以准确反映因消费者收入水平变动引起的消费者边际替代率变化对价格结构和购买比率影响为前提。

为了实现上述两点，函数指数以效用函数、需求函数及无差异曲线为理论基础。用效用函数、需求函数来反映各种商品的价格之间、物量之间的联系，用无差异曲线来反映价格结构和购买结构的变化。

从理论上看，消费者理性行为必然会使其消费总效用达到最大。消费者追求总效用最大化的过程同时也就是对各种商品购买量不同组合的选择过程。如果把消费者对各种商品购买量的组合在坐标上描绘出来，就会形成不同的无差异曲线，消费者总效用便可以通过无差异曲线来表示。

无差异曲线有两种类型，一种是同位相似函数的无差异曲线，另一种是非同位相似函数的无差异曲线：同位相似无差异曲线以每一种商品的收入弹性相等，利用非同位相似无差异曲线。可以从理论上将原子法指数与函数指数进行比较。

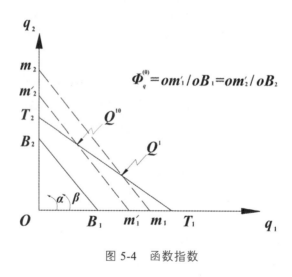

图 5-4　函数指数

5.2.4　预测模型

对工程造价进行预测是编制工程造价指数的重要作用之一。常用的预测方法主要有：移动平均法、指数平滑法、自动回归滑动平滑法、灰色系统预测、马尔可夫预测等。

1. 逼近中心式灰色模型

灰色系统是指既含有已知信息、又含有未知或非确知信息的系统，也称为贫信息系统。在灰色系统理论中，抽象系统的逆过程（由系统的行为确立模型）为灰色模型，亦称 GM 模型。它是根据关联度、生成数灰导数、灰微分等观点和一系列数学方法建立起来的连续性的微分方程。灰色预测是灰色系统理论的一个重要反面，它利用这些信息，建立灰色预测模型，从而确定系统未来的变化趋势。由于灰色预测模型能够根据现有的少量信息进行计算和推测，因而在人口、经济、管理等预测中得到了广泛的应用。

典型的灰色预测模型是邓聚龙教授提出的传统式 GM（1，1）模型，即将一组信息不完全、随机性很大的灰色量进行累加生成处理以消除其随机性，在数据生成的基础上，用线性动态模型对生成数据拟合和逼近，对其建立微分方程并求解，最后对建立的模型进行残差、关联度检验和后验差检验以确定模型能否进行有效预测。随着模型的应用和发展，在应用过程中也存在一定问题，如计算零点升高，预测值便增大；模型有时无法通过检验而不能用来预测等。因此，在对传统 GM 模型进行改进的基础上，产生了中心逼近式 GM（1，1）模型。

它的基本思想是：直接对原始序列 X_0 开 m 次方，记为 $x^{\frac{1}{m}}$（这样做的目的是为了弱化序列变化的幅度）。然后建立微分方程模型：

$$\frac{dx^{\frac{1}{m}}(t)}{dt} + ax^{\frac{1}{m}}(t) = u$$

求解微分方程得到预测模型为：

$$\hat{X}^{\frac{1}{m}}(k+1) = [X^{\frac{1}{m}}(1) - \frac{u}{a}]e^{-ak} + \frac{u}{a}$$

记 $\hat{a} = [a, u]^T$，按最小二乘法 $\hat{a}$，$\hat{a} = (B^T B)^{-1} B^T rn$

根据预测模型求出 $X^{\frac{1}{m}}$ 的预测值，再求 $\hat{X}^{\frac{1}{m}}$ 次方，就得到 X^0 的预测值，

调整 m 值以达到精度要求。

2. 利用模糊数学预测工程造价

在利用灰色系统预测出工程造价指数的基础上，我们可以通过模糊数学来快速准确地估算出拟建工程的造价。利用模糊数学预测工程造价的过程如下：通过拟定若干个特征元素，利用已完工程数据库来挑选典型工程，建立典型工程隶属度矩阵，确定各典型工程与拟建工程的贴近度，以选择出与拟建工程最贴近、最类似的典型工程，利用其造价指标及根据灰色系统预测出的拟建工程造价指数来快速估算出拟建工程造价。

5.3　基于贝叶斯网络的造价指数预测模型

传统的造价指数预测方法将各造价指数影响因素看作是彼此独立的变量，不仅没有考虑各因素间复杂的交互作用关系，也无法实现对造价指数变化的定量和动态分析。贝叶斯网络（Bayesian networks，BNs）是一种用于在关键要素与目标要素之间建立因果联系的图形模型，BNs 主要采用条件概率的方式来表示各变量之间的定量关系，模型能够在小样本和数据缺失的情况下获得较为精确的结果。本文拟通过贝叶斯网络的结构学习建立造价指数影响因素间的因果关系，通过参数学习建立影响因素之间的条件概率分布，并以此为基础构建基于贝叶斯网络的造价指数预测专家系统，为造价指数的动态变化提供一种新方法。

5.3.1　贝叶斯网络的基本原理

贝叶斯网络是一种因果信息的表示方法，是一种概率网络，用来表示连接概率的图形，贝叶斯网络由有向弧线、条件概率分布、节点组成的有向无环图。贝叶斯理论具有稳固的数学基础，该方法同时还能刻画信任度与证据的一致性，有助于利用要素间的因果关系来进行预测和分析。

1. 贝叶斯概率基础

1）概率

（1）定义：设基本空间 Ω（也称样本空间），A 为随机事件，$P(A)$为定义在所有随机事件组成的集合上的实函数，若 P(A) 满足：

① 对任一事件 A 有：$0 \leqslant P(A) \leqslant 1$。

② P(Ω)=1，Ω 为事件的全体

③ 对于两两互斥的事件 A_1、A_2、……有 $P(A_1+A_2+\cdots)= P(A_1)+P(A_2)+\cdots$

则事件 A 发生的概率函数为 P(A)。

（2）概率的性质：

① 不可能事件 V 的概率为零，即 P(V)=0。

② $P(\overline{A}) = 1-P(A)$

③ $P(A \bigcup B) = P(A)+P(B)-P(AB)$ 其中联合概率 P(AB) 表示 A、B 同时发生的概率。

2）条件概率

（1）定义：设两个随机事件 A、B，且 P(B)>0，则称 $P(A|B) = \dfrac{P(AB)}{P(B)}$ 为事件 B 发生，事件 A 也发生的条件概率。

（2）条件概率的三个重要公式：

① 概率乘法公式：如果 P(B)>0，则联合概率 P(AB)= P(B) P($A|B$) = P(A) P($B|A$) =P(BA)

② 全概率公式：设两两互斥事件 $A_1, A_2, \cdots\cdots, A_n$，且 $\sum\limits_{i=1}^{n} A_i = \Omega$，$P(A_i) > 0,\ i = 1,2,\cdots\cdots, n$。

则对任一事件 B 有

$$P(A_i|B)= \frac{P(A_i)P(B \mid A_i)}{\sum\limits_{i=1}^{n} P(A_i)P(B \mid A_i)}$$

③ 贝叶斯公式：在全概率公式的条件下，若 P(B)>0，则有

$$P(A_i|B)= \frac{P(A_i)P(B \mid A_i)}{\sum\limits_{i=1}^{n} P(A_i)P(B \mid A_i)}$$

2. 贝叶斯网络决策的基本原理

贝叶斯网络的基本原理：研究在总体概率分布（先验概率）已知条

件下，选取、估计特定条件下样本出现的概率（类条件概率），从而推算出特定样本的概率（后验概率），再进行样本的分类决策。

ω_i 代表类别 A_i，X 为事件 B_i 的特征值。设样本的特征向量 X 是随机向量，则有：

（1）先验概率 $P(\omega_i)$：以往经验 ω_i 类样本出现的概率。（已知）

（2）类条件概率 $P(X|\omega_i)$：已知在 ω_i 类的样本中事件 X 发生的概率。（代求）

类概率密度函数 $p(X|\omega_i)$：代表 ω_i 类的条件概率密度函数，即 ω_i 的似然函数。

（3）后验概率 $P(\omega_i|X)$：指收到数据（一批样本点）后，按照该类样本提供的信息统计出的 X 在 ω_i 类出现的概率（即：X 属于 ω_i 类的概率）。（未知）

例如：一个 2 类问题，ω_1 代表诊断结果为染病，ω_2 代表诊断结果正常，$P(\omega_1)$ 表示诊断结果染病的概率，$P(\omega_2)$ 表示诊断结果正常的概率。是否染病通过 C 试验进行检测，选定 X 表示"试验结果为可能患病"。则：

$P(X|\omega_2)$ 表示最终确诊正常，但试验结果为可能患病的概率。

$P(\omega_2|X)$ 表示试验试验结果为可能患病，但确认正常的概率。

$P(X|\omega_1)$ 表示确诊染病，试验结果也为可能患病的概率。

$P(\omega_1|X)$ 表示试验结果为可能患病，同时确诊染病的概率。

根据贝叶斯公式有：

$$P(\omega_i|X)=\frac{P(X\mid\omega_i)P(\omega_i)}{P(X)}=\frac{P(X\mid\omega_i)P(\omega_i)}{\sum\limits_{i=1}^{n}P(X\mid\omega_i)P(\omega_i)}$$

3. 贝叶斯网络的表达方式

贝叶斯网络模型通常表示为 $G(V,\varepsilon)$，该模型包括一组节点 $V=\{1,2,3,\cdots\cdots,n\}$，这些节点由有向边进行连接，每一个节点都代表一个随机变量 X_i。有向边的起始节点是终节点的父节点（parent nodes），记作 π_i，节点 i 为子节点（child nodes），只有子节点而没有父节点的节点称之为根节点（root nodes）。贝叶斯网络中的每一个节点都具有特定的概

率分布函数，而根节点的概率分布函数是边缘分布函数，根节点的概率不以其他节点为条件，因此其概率又称为先验概率；而其他节点的概率函数均为条件概率分布函数，记作$P(x_i | x_{\pi i})$，其中$x_{\pi i}$为父节点变量的取值。当根节点的先验概率和其他节点的条件概率分布给定时，就可以计算包含所有节点的联合概率分布

$$P(x_1, x_2, x_3, \cdots x_n) = \prod_{i=1}^{n} P(x_i | x_{\pi i}) \qquad （5\text{-}1）$$

根据贝叶斯链式规则，任何的联合概率分布都可以写成

$$P(x_1, x_2, x_3, \cdots x_n) = \prod_{i=1}^{n} P(x_i | x_1, x_2, x_3, \cdots x_{i-1}) \qquad （5\text{-}2）$$

5.3.2 贝叶斯网络的建模方法

贝叶斯网络模型结构包括三个主要步骤：确定节点及其取值；确定网络结构；通过贝叶斯网络的学习来确定节点的条件概率分布。

1. 节点的确定与取值

贝叶斯网络的节点对应于模型中的各个变量，因此系统中各个变量及其相互关系应根据建模系统进一步分析确定，贝叶斯网络节点主要包括三种类型：① 目标节点，通过贝叶斯网络的推理来求解其后验概率分布，表示待求解的目标，并作为系统决策的主要依据；② 证据节点，即这些节点的取值是被预先观察到的，表示系统的已知条件，这类节点是贝叶斯网进行推理的前提条件；③ 中间节点，在目标节点和证据节点之间发挥中介作用的节点。在确定了模型的所有节点之后，还需要确定各节点的取值方法。

2. 确定网络结构

确定网络结构的主要工作是确定节点之间的因果关系或者相关关系，确定贝叶斯网结构的方法主要分为两类：一是以数据学习为基础来建立网络的结构，数据学习方法需要收集大量的数据样本，并且需要多次的学习；二是以领域专家的先验知识为依据建立节点之间的因果关系。

当有一定的数据样本时，可以采用将专家先验知识和数据样本相结合的方式来建立网络结构，先根据专家先验知识建立一个贝叶斯网结构原型；以原型结构为基础，再通过数据学习来求精，从原型中获取最正确的结构。先验知识和数据学习相融合的网络构造方法既能够降低专家先验知识的主观性，又能缩减算法的搜索空间，使其能快速收敛。

而基于样本数据的贝叶斯网络结构学习方法又包括两类：一类是基于打分函数和网络结构搜索的方法；另一类是基于相关性分析的方法。

基于打分搜索的学习算法可以描述为：给定一个关于结构的测度后，在结构空间按照一定的搜索策略，依次计算出每个结构的测度值，选择测度值最优结构作为学习得到的贝叶斯网络结构。对于有 N 个变量的问题域，对应的网络结构空间为 N 个变量的问题域，对应的网络结构空间为 N 个节点构成的所有可能的有向无环图，结构空间的大小与 N 成指数关系。由于结构空间巨大，一般需采用启发式搜索算法，K2 算法是其代表性算法。

基于相关性分析的学习是另一类结构学习算法。在贝叶斯网络中，如果两个随机变量是相关的，则当知道一个变量的取值后，就可以获得另一个变量的取值信息。获得信息量的多少可以使用互信息来描述，它表示了变量间的相关程度。因此，通过计算变量间的互信息可以得到变量间的相关程度。当变量间的互信息小于某个阈值时，就认为两个变量相互独立。这类算法一般需要指数次条件独立性测试。

3. 数据不完备时的贝叶斯网络学习

网络学习是获取贝叶斯网络节点的条件概率的主要方法。假定一个固定的未知参数 θ，在给定拓扑结构 S 下，参数 θ 的所有可能取值，利用先验知识寻求在拓扑结构 S 和训练样本集 D 时具有最大后验概率（MAP）的参数取值，由贝叶斯规则得出：

$$P(\theta \mid D, S) = \frac{P(D \mid \theta, S)\, P(\theta \mid S)}{P(D \mid S)} \tag{5-3}$$

由于数据不完备，可以采用基于期望最大化算法进行网络学习，该

算法的基本思想是给出一个参数初始值 $\theta^{(0)}$，然后不断修正它，使其最大似然概率值最大，即最大化 $E(\ln P(Y|\theta))$，Y 为全部训练样本，从当前的估计值 θ 到下一个估计值 $\theta(t)$ 需要两个步骤[29]：

（1）第一个步骤是期望运算（E_step）。计算可观测训练样本 D 和当前 θ 时，数据集 Y 的概率分布期望为：

$$Q(\theta^{(t)}|\theta) = E(\ln P(Y|\theta^{(t)})|\theta, D) = \sum_{l}\sum_{zl}\ln P(D_l, Z_l|\theta)P(Z_l|D_l, \theta^{(t)})$$

（5-4）

第二个步骤是最大化（M_step）。最大化当前函数 $Q(\theta^{(t)}|\theta)$，通过最大似然估计使得函数最大：

$$\theta^{(t)} = \arg\max_{\theta(t)} Q(\theta^{(t)}|\theta)$$

（5-5）

其中 D 为观测的数据集，Z 为未观测的数据集，全部训练数据 $Y = D \bigcup Z$。

5.3.3　贝叶斯网络的数据学习

贝叶斯网络的数据学习是利用概率向下传播的链式规则过程。对于有 n 个节点的贝叶斯网络，变量节点集合为 $\Omega = (E_1, E_2, \cdots E_n)$。设 m 为 E_i 的其中某个状态值，且 E_i 在 m 状态下通过问卷得到的某一项参数的概率区间为 $[x, y]$，则

$$P(E_i = m) = \Phi[(x+y)/2]$$

其中 Φ 表示需要确定的该节点该状态下的所有参数的集合。

那么可设 $E_i(1 \leqslant i \leqslant n)$ 为整个网络的顶层节点，则

$$\begin{aligned}P(E_i = m) &= \sum_{E_1, E_2, \cdots E_i = m, \cdots E_n} P(E_1, E_2, \cdots E_n)\\ &= \sum_{E_1, E_2, \cdots E_i = m, \cdots E_n} P(E_1, E_2, \cdots E_n)\end{aligned}$$

（5-6）

根据链式法则有

$$P(E_j = m \mid \Pi E_j)$$

$$= P(E_j = m \mid E_1, E_2, \cdots, E_{j-1}, E_{j+1}, \cdots E_n)$$

$$= \frac{P(E_1, E_2, \cdots, E_{j-1}, E_j = m, E_{j+1}, \cdots E_n)}{P(E_1, E_2, \cdots, E_{j-1}, E_{j+1}, \cdots E_n)}$$

$$= \frac{P(E_1, E_2, \cdots, E_{j-1}, E_{j+1}, \cdots E_n \mid E_j = m) P(E_j = m)}{P(E_1, E_2, \cdots, E_{j-1}, E_{j+1}, \cdots E_n)}$$

$$= \frac{P(E_1 \mid E_j = m) P(E_2 \mid E_j = m) \cdots P(E_{j-1} \mid E_j = m) P(E_{j+1} \mid E_j = m) \cdots P(En \mid E_j = m) \cdot P(E_j = m)}{P(E_1) P(E_2) \cdots P(E_{j-1}) P(E_{j+1}) \cdots P(En)}$$

$$= \frac{\left[\prod\limits_{k=1,2,\cdots,j-1,j+1,\cdots,n} P(E_j = m \mid E_k) P(E_k) \right] P(E_j = m)}{P(E_1) P(E_2) \cdots P(E_{j-1}) P(E_{j+1}) \cdots P(En)}$$

$$= \frac{\left[\prod\limits_{k=1,2,\cdots,j-1,j+1,\cdots,n} P(E_j = m \mid E_k) \right] P(E_1) P(E_2) \cdots P(E_{j-1}) P(E_j = m) P(E_{j+1}) \cdots P(E_n)}{P(E_1) P(E_2) \cdots P(E_{j-1}) P(E_{j+1}) \cdots P(En) \cdot [P(E_j = m)]^n}$$

$$= \frac{\prod\limits_{k=1,2,\cdots,j-1,j+1,\cdots,n} P(E_j = m \mid E_k)}{[P(E_j = m)]^{n-1}}$$

在得到相关的概率估计之后，可依据链式法则手工或是借助软件计算，将政府投资项目不确定性因素发生的概率代入到 4 个子项目贝叶斯网络中，利用贝叶斯网络进行计算，可以得到事件最终的发生概率。结合专家经验可以检验网络运算结果的合理性，确定类别层、事件层发生的概率水平。

即可根据父节点的条件概率推知此子节点的发生概率。就是在贝叶斯公式的基础上，按照节点间内在的因果关系，由先验概率求解后验概率是可行的，最终由根节点的概率分布以及中间各层节点的条件概率分布，最终可以求出顶层节点的边缘概率水平。本节以图 5-1 为例来简单说明贝叶斯网络计算概率的基本过程。

借助 Netica 软件来完成基于因果关系的贝叶斯网络的参数的输入，和贝叶斯网络求解概率时的赋值计算。在软件中可以设置节点间的连线来表示两者之间的因果相关关系。如图 5-2 所示的子节点 C 与父节点 A、B 构成的贝叶斯网络，其中 A 与 B 相互独立，A、B 与 C 具有因果关系。

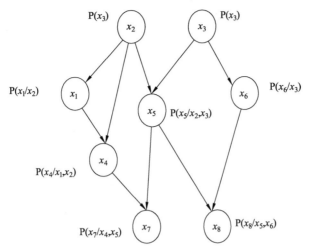

图 5-1　贝叶斯条件概率计算示意图

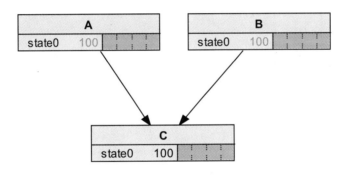

图 5-2　贝叶斯网络构建

　　然后，在确定的贝叶斯网络结构的基础上，通过向领域专家以调查问卷的形式收集相关的数据，来确定节点的条件概率。在 Netica 软件中分别输入 A、B 和 C 节点的概率，如图 5-3、图 5-4 和图 5-5 所示。

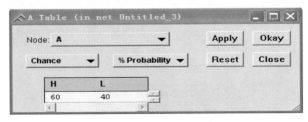

图 5-3　A 节点的参数输入

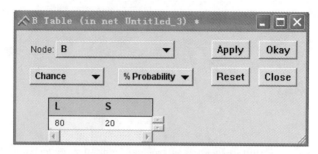

图 5-4　B 节点的参数输入

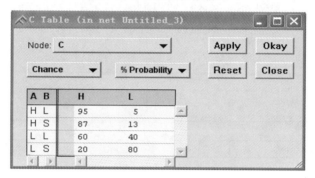

图 5-5　C 节点的参数输入

　　在贝叶斯因果网络中，确定了各层节点的条件概率表之后，可以按照各变量间的因果关系，计算中间层节点以及顶层节点的条件概率值。利用 Netica 软件可以实现对于节点条件概率的自动求解。当输入 A、B 和 C 各自的条件概率表之后，进而可以求得父节点的边缘概率，实现网络节点概率的计算。该示例最终的计算结果如下图 5-6 所示。

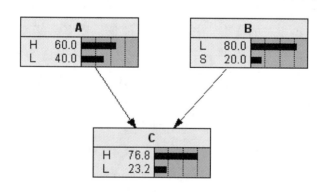

图 5-6　软件计算的结果

5.3.4　贝叶斯网络的优点

与其他预测模型相比，贝叶斯网络模型可以进行推理，常见的贝叶斯网络推理有 3 种形式：因果推理、诊断推理和支持推理。对于不确定性事件来说，常选择因果推理方式和诊断推理方式。因果推理，原因推知结论即根据事情的原因和条件，由顶层向下推导出结果。已知一定的原因或者证据，使用贝叶斯网络推理计算，求出在此原因下事件发生的概率。诊断推理，结论推知原因即根据事件的结果，由下向上推理出不确定性事件发生时，导致该不确定性事件的发生原因和概率。利用该推理的目的是在当不确定性事件发生时，可以及时控制并找到不确定性事件源，防止不确定性事件再次发生。贝叶斯网络具有以下优点：

（1）贝叶斯网络是一种表达不确定性因果关系的模型。与其他决策模型不同，贝叶斯网络是将多元知识图解为可视化的概率知识表达与推理的模型，模型全面地包括了网络节点变量之间的因果关系及条件概率关系。

（2）贝叶斯网络具有很强的不确定性问题解决能力。贝叶斯网络能用条件概率表达不确定的、有限的、不完整的各个信息要素之间的相关关系，并进行有效的学习和推理。

（3）贝叶斯网络能将多源信息有效地进行表达与融合。贝叶斯网络可将各种信息纳入网络结构中，按照节点的方式将信息的相关关系进行融合，统一进行处理。

5.3.5　基于贝叶斯网络的造价指数预测模型构建方法

贝叶斯网络的构造一般是综合运用专家访谈及问卷调查，从数据库和知识库中进行结构学习和参数学习来构建模型。其中，贝叶斯网络的结构学习方法包括基于依赖性测试和基于搜索评分的学习方法等；贝叶斯网络的参数学习方法包括最大似然估计和基于贝叶斯统计的估计等。

针对本文所研究的造价指数预测问题，以解释结构模型图作为贝叶斯网络结构学习的依据，可以高效的建立有向无环图。造价指数预测贝叶斯网络模型构造主要包括以下几个步骤：

（1）将影响实体工程量、人工单价、材料单价、机械单价的影响因素分别按顺序编号作为贝叶斯网络的节点并确定节点的变量状态，这些因素构成的集合就是本文要研究的节点变量集。

（2）根据四个解释结构模型建立的影响因素模型图确定造价指数预测模型的贝叶斯网络结构。

（3）根据专家经验通过问卷调查和查阅相关统计数据得到变量的先验概率，借助 Netica 软件计算出贝叶斯网络中每个节点的条件概率分布和顶节点的概率。

（4）根据得到的概率和定义的取值范围计算出每个造价指数的变化趋势。

6

城市地下综合管廊工程造价指数影响机制

6.1 管廊工程造价影响因素分析框架及识别

6.1.1 管廊工程造价影响因素的三维分析框架

城市地下综合管廊工程具有的建设周期长、环境复杂多变、影响因素众多等特点使得城市地下综合管廊工程造价具有高度的不确定性，城市地下综合管廊工程管理具有多主体性、阶段性、动态性和系统性等基本特征。在城市地下综合管廊工程造价的形成中要受到外部环境变化以及多个主体的影响，这些主体在项目的不同阶段各自发挥着不同的作用；同时，这些主体的行为主要通过对管廊工程造价的构成要素（工、料、机等）产生影响并导致管廊工程造价发生变化。因此，城市地下综合管廊工程造价管理主要包括三个方面的要素：

（1）城市地下综合管廊工程造价的作用主体，既包括直接参与城市地下综合管廊工程投资建设全过程的各种行为主体，如：建设主管部门、造价管理部门、业主、设计院、承包商、咨询公司、供应商等；也包括间接影响管廊工程造价的外部主体：如经济环境、法律环境、经济政策、投资政策等。

（2）城市地下综合管廊工程造价管理的客体，主要是指管廊工程造价的各个组成要素，包括：人工费、材料费、机械使用费、征地拆迁费、建设管理费、融资及资金成本等。

（3）城市地下综合管廊工程造价管理的过程，这一过程包括从投资机会研究直至项目完工结算的一系列活动，包括：投资机会研究、可行性研究及投资估算、初步设计及概算、施工图设计及预算、招投标及中标价控制、施工过程及计量支付控制、工程完工及施工预算等。

城市地下综合管廊工程造价影响因素的分析是一项十分复杂的工作，因此有必要建立一个系统分析框架，本研究考虑的分析框架包括三个维度：行动维、要素维、逻辑维，详见图 6-1 所示。

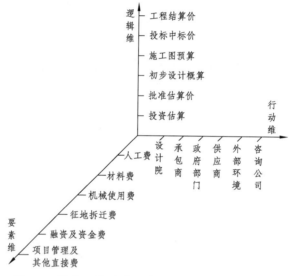

图 6-1　管廊工程造价影响因素的三维分析框架图

1. 管廊工程造价影响因素的行动维

如图 6-2 所示，参与项目建设的主体非常的多，这些参与主体的行为会在不同程度上对工程造价的形成产生直接或者间接的影响。

结合文献调研的成果，城市地下综合管廊工程造价影响因素的行动维主要考虑以下几个方面：业主的行为——业主在项目建设全过程的各种与造价相关的管理活动；建设主管部门行为——建设主管部门的造价控制行为；造价管理部门行为——造价管理部门对工程造价的各种审批与控制行为；土地、规划管理部门行为——空间规划、土地定价、征地补偿政策等行为；设计院行为——设计单位的投资估算、概算、预算等行为。承包商行为——承包商的投标报价、合同管理、索赔等行为；咨询公司行为——各种专业咨询公司为工程项目造价形成与控制提供的专业服务等；供应商行为——供货商的供货方式、供货价格管理等；自然环境、社会环境、经济环境、法律环境——项目实施的外部环境变化或不可预见因素对项目造价产生影响。

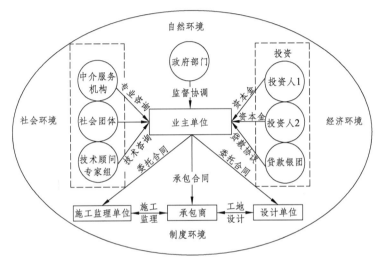

图 6-2　项目参与各方的行为关系图

2. 管廊工程造价影响因素的要素维

按照我国的建设投资管理体系的划分，一个建设项目的投资主要由建安工程费、工器具购置费、工程建设其他费用、预备费、建设期利息、固定资产投资方向调节税等几个部分构成。其中，建安工程费是构成建设投资的主要组成部分，也是城市地下综合管廊工程造价管理的重点内容。建安工程费主要包括直接费、间接费、利润及税金。从造价管理的角度来看，直接费是建安工程费的控制重点，在工程实施过程中，直接费比较容易产生变化，也更加难以控制，其他费用则相对固定，也容易计算和控制，直接费包括人工费、材料费、机械使用费以及措施费四个部分。从造价构成的角度分析，构成直接费的成分包括两类：一类是价格，包括人工单价、机械使用单价、材料单价等；另一类是数量，包括实体工程量及消耗量两个部分。在造价管理过程中，一个单位的实体工程量对应一定的人机料的消耗量，具体消耗量的多少由造价管理部门或者承包商根据各自的定额标准来核定；而对于一个单位工程而言，受外界条件及建设管理水平差异的影响，其实体工程量和消耗量都会存在差异。

根据城市地下综合管廊工程造价的构成体系，结合文献调研的结果，城市地下综合管廊工程造价影响因素的要素维主要考虑以下几个方面：人工单价，包括普工及各类技术工种的单价；机械台班单价，包括各种普通施工机械和特殊施工机械的台班单价；材料单价，包括钢筋、水泥、石材等各种材料的价格；征地拆迁及相关费用，包括征地费、拆迁费、各种土地补偿费用、临时用地租赁费用等；建设管理及相关费用，包括建设单位的管理费、勘察设计费用、监理费、科研试验费等；现场管理及措施费，主要包括各种施工增加费、各种小临工程、以及环境设施保护费等；项目融资及各种资金成本，包括融资费、建设期贷款利息等；其他费用。

3. 管廊工程造价影响因素的逻辑维

本研究主要按照城市地下综合管廊工程造价的形成过程以及形成逻辑来划分其逻辑维，城市地下综合管廊工程造价的形成逻辑维主要考虑以下几个方面：投资机会研究及初步投资估算；可行性研究及投资估算；工程可行性报告的评估及批准的投资估算；初步设计及概算；对初步设计概算的审核及批准的概算额度；施工图设计及预算；招投标及各标段的中标价；变更与索赔过程中的价格调整；工程结算价格；工程决算价格。

6.1.2 管廊工程造价影响因素识别

为获得管廊工程造价影响因素指标体系，本研究将文献调研法、头脑风暴法、Delphi 方法三种方法相结合，基于行动维、要素维、逻辑维三个维度构建影响因素指标体系。首先搜集工程造价影响因素的相关研究文献，并将各影响因素指标按照行动维、要素维进行整合分类，然后围绕每一个维度的指标体系采用头脑风暴法进行因素的初步补充和完善，最后根据初步完善的指标体系，选择 12 名领域内的专家采用 Delphi 方法进行 4 轮调研，以获得最后的影响因素指标体系。

1. 基于主体的管廊工程造价影响因素

根据上一章提出三维分析框架当中的行动维，对管廊工程造价影响因素的相关文献进行分析和整理，可以得到表 6-1 ~ 表 6-7。

表 6-1 外部环境影响因素表

序号	因素	序号	因素
1-1	气候因素	1-13	征地拆迁环境
1-2	自然灾害	1-14	建筑市场秩序
1-3	地形条件	1-15	项目的复杂程度
1-4	地质条件	1-16	项目的新颖程度
1-5	经济形势	1-17	基本建设规模
1-6	通货膨胀	1-18	征地拆迁政策
1-7	土地价格	1-19	建筑材料短缺
1-8	GDP 增长	1-20	劳动力短缺
1-9	基本建设投资增速	1-21	政府对招投标的干预
1-10	银行贷款利率	1-22	法律法规不完善
1-11	劳动力价格	1-23	征地拆迁冲突
1-12	人均收入水平		

表 6-2 各级行政主管部门影响因素

序号	因素	序号	因素
2-1	工可评估与批复	2-6	对工程造价的审计
2-2	征地拆迁管理	2-7	定额的及时与准确性
2-3	初步设计概算审核	2-8	建筑市场管理
2-4	招投标控制	2-9	信息价的及时与准确性
2-5	对工程质量监督检查		

表 6-3　业主对工程造价的影响

序号	因素	序号	因素
3-1	项目管理经验	3-15	初步设计概算控制
3-2	施工管理能力	3-16	施工图预算控制
3-3	对可行性研究的重视程度	3-17	业主的类型
3-4	可行性研究周期	3-18	业主资金的外部监管
3-5	设计管理能力	3-19	总体计划的准确性
3-6	项目范围定义准确度	3-20	业主原因导致的变更
3-7	对项目范围的修正	3-21	业主提高设计标准
3-8	对设计重视程度	3-22	征地拆迁组织不力
3-9	索赔管理	3-23	承包商选择不当
3-10	变更管理	3-24	设计单位选择不当
3-11	业主的融资能力	3-25	承发包模式选择不当
3-12	业主的资金管理水平	3-26	资金短缺
3-13	合同的完备程度	3-27	材料采购方式不当
3-14	招标过程控制	3-28	供货合同不完善

表 6-4　咨询单位影响因素

序号	因素	序号	因素
4-1	工可编制深度	4-8	造价咨询工作深度
4-2	工可编制人员的能力	4-9	结算单位的能力
4-3	投资估算准确度	4-10	结算准确度
4-4	工可编制周期	4-11	监理工程师的能力
4-5	工可勘察深度	4-12	监理工程师的经验
4-6	工可编制经验	4-13	监理工程师的责任心
4-7	造价咨询人员能力	4-14	监理工作的规范性

表 6-5　设计单位影响因素

序号	因素	序号	因素
5-1	设计单位能力	5-6	概算准确度
5-2	任务饱满程度	5-8	工程勘察深度
5-3	设计人员的经验	5-9	施工预算准确度
5-4	设计周期	5-10	设计单位的信誉
5-5	初步设计深度	5-11	因设计原因的设计变更多
5-7	施工图设计深度		

表 6-6　承包商影响因素

序号	因素	序号	因素
6-1	承包商的项目管理能力	6-9	成本管理能力
6-2	任务饱满程度	6-10	施工人员的素质
6-3	项目经理的经验	6-11	施工机械维护状况
6-4	施工组织设计深度	6-12	现场资源的浪费
6-5	投标报价合理性	6-13	与业主冲突导致的延迟
6-6	与业主的关系	6-14	返工比例
6-7	现场管理能力	6-15	索赔能力
6-8	施工技术能力		

表 6-7　供应商影响因素

序号	因素	序号	因素
7-1	供货的及时性	7-4	供应商与承包商之间的冲突
7-2	材料质量不合格	7-5	施工机械的可靠性
7-3	供货能力		

2. 基于对象的管廊工程造价影响因素

根据上一章提出三维分析框架当中的要素维，对管廊工程造价影响因素的相关文献进行分析和整理，可以得到表 6-8。

表 6-8　工程造价变化的直接影响因素

序号	因素	序号	因素
8-1	人工价格上涨	8-9	机械台班消耗数量增加
8-2	材料价格上涨	8-10	资金成本增加
8-3	机械台班单价上涨	8-11	索赔费用
8-4	征地成本升高	8-12	工程变更增加费用
8-5	工程延期导致的赶工费	8-13	现场管理及其他直接费增加
8-6	工程质量不合格导致的返工费	8-14	建设管理费增加
8-7	人工消耗数量增加	8-15	冲突扯皮导致的费用增加
8-8	材料消耗数量增加		

6.2　基于 ISM 的工程造价影响因素系统结构分析

根据 6.1.2 的分析结果，采用 ISM 分别对人机料单价、人机料消耗量、实体工程量、征地拆迁费用、工器具购置费等五类要素求解其影响因素系统结构。

6.2.1　解释结构模型的基本原理与步骤

1. 二元关系的集合

把系统构成要素中满足某种二元关系 R 的要素 S_i、S_j 的要素对（S_i，S_j）的集合，称为 S 上的二元关系集合，记作 R_b，即有：$R_b=\{$（S_i，S_j）$\mid S_i$、$S_j \in S$，$S_i R S_j$，i、$j=1, 2, \cdots, n\}$

我们用系统的构成要素集合 S 和在 S 上确定的某种二元关系集合 R_b 来共同表示系统的某种基本结构。

2. 有向连接图法

在有向连接图中，从某节点出发，沿着有向边，通过其他某些节点各一次，可回到该节点时，形成回路。有向连接图包括一个节点的有向边，若直接与该节点相连接，则就构成了一个环。

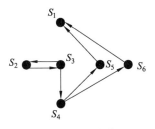

图 6-3　有向连接图

在一个有向连接图中：节点数等于要素个数；而有向边的数目等于二元关系的数量。

3. 邻接矩阵

有向连接图的基本的矩阵表示，描述图中各节点两两间邻接的关系，记作 A。矩阵 A 的元素 a_{ij} 定义为：$a_{ij}=1$（$S_i R S_j$，R 表示 S_i 与 S_j 有关系）；$a_{ij}=0$（$S_i R S_j$，R 表示 S_i 与 S_j 没有关系）

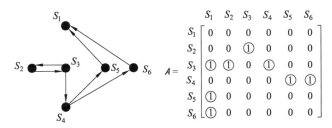

图 6-4　邻接矩阵示意图

对应每节点的行中，元素值为 1 的数量，就是离开该节点的有向边数；列中 1 的数量，就是进入该节点的有向边数。

4. 可达矩阵

可达矩阵表示系统要素之间任意次传递性二元关系或有向图上两个节点之间通过任意长的路径可以到达情况的方阵。可达矩阵的方法：可以根据有向图直接写出可达矩阵；也可以根据邻接矩阵计算出可达矩阵。

可达矩阵用 R 表示，邻接矩阵用 A 表示可用邻接矩阵 A 加上单位阵 I，经过演算后求得：

设 $A_1=(A+I)$ $A_2=(A+I)^2=A_1{}^2$ $\cdots$ $A_{r-1}=(A+I)^{r-1}=A_1{}^{r-1}$

如：$A_1{\neq}A_2{\neq}\cdots{\neq}A_{r-1}=A_r(r<n-1)$ 则：$A_{r-1}=R$ 称为可达矩阵。

5. 缩减可达矩阵

在可达矩阵中存在两个节点相应的行、列元素值分别完全相同，则说明这两个节点构成回路集，只要选择其中的一个节点即可代表回路集中的其他节点，这样就可简化可达矩阵，称为缩减可达矩阵，记作 R'。

6. 骨架矩阵

实现某一可达矩阵 R、具有最小二元关系个数（"1"元素最少）的邻接矩阵叫作 R 的最小实现二元关系矩阵，即骨架矩阵，记作 A'。

6.2.2 解释结构模型的基本步骤

ISM 技术的基本思想：通过各种创造性技术，提取问题的构成要素，利用有向图、矩阵等工具和计算机技术，对要素及其相互关系等信息进行处理，最后用文字加以解释说明，明确问题的层次和整体结构，提高对问题的认识和理解程度。该技术的核心是通过对可达矩阵的处理，建立系统问题的递阶结构模型。

而建立递阶结构模型的基本步骤包括：

（1）确定系统要素 Si（$i=1, 2, \cdots, n$）。

（2）确定要素间关系（有或无），构造 A。

（3）由 A 求 R，对 R 进行（区域和）级间分解，并按区域和分解顺序排列。

在 R 中对每个元素找出其可达集和先行集：

可达集 $R(S_i)$：从该元素能到达其他元素的那些元素集合（去向）。

先行集 $A(S_i)$：能从其他元素到达该元素的那些元素集合（来源）。

共同集 $C(S_i)$：可达集和先行集中共同元素集合。

起始集 $B(S)$：系统的输入要素，在有向图中只有箭线流出，而无箭线流入。

终止集 $E(S)$：系统的输出要素，在有向图中只有箭线流入，而无箭线流出。

设 B 中元素 bu、bv，若 R(bu)∩R(bv)≠φ（bu 的可达集与 bv 的可达集交集不为空集），则 bu、bv 及 R(bu)、R(bv)属于同一区域，若 R(bu)∩R(bv)=φ（bu 的可达集与 bv 的可达集交集为空集），则 bu、bv 及 R（bu）、R(bv)不属于同一区域。区域内的级位划分，即确定某区域内各要素所处层次地位的过程。将满足 C=R 的 C（或 R）中元素挑出作为第 1 级，再从剩下的元素中找出满足 C=R 的元素作为第 2 级，依此类推直至所有元素被挑出。

（4）在 M 中找出位于对角线上元素值全为 1 的子对角阵，称强连通子集，将其用 1 个元素代替，得缩减可达矩阵 M′。

（5）去掉 M′中已具有邻接二元关系的要素间的越级二元关系，得到矩阵 M″；提取骨架矩阵：将矩阵 M 按级位分解结果重排，找出位于主对角线上所有元素值=1 的子方块对角矩阵（其中元素构成连强通子集），将其所包含元素合并成一个元素，得缩减矩阵 M′。

（6）将 M″主对角线上的"1"全变为"0"，去掉自身关系，得到骨架矩阵 A′；去掉 M′中已具有邻接二元关系的要素间的越级二元关系，得到经进一步简化后的矩阵 M″。去掉 M″中自身到达的二元关系，即减去单位矩阵，得到经简化后的骨架矩阵 A′。

（7）由 A′找出相邻级元素间关系，画出有向线段。

（8）补充强连通子集。另外，对跨级间联系，若无邻级间关系代替，则要补画跨级间联系。

6.2.3　人机料单价影响因素系统结构分析

1. 人工费单价

价格是由供求关系决定的。影响人工单价的因素有经济增长速度、通货膨胀、适龄人口数量、大学入学率、新开工项目、分配公平度、人均 GDP、社会平均工资水平、适龄工人数量、建筑业对个人需求量和其他行业对工人需求。随着国家实行一系列有力的改革措施，中国经济得以快速发展，节节攀升，根据国际货币基金组织 IMF 的预测数据，2013

年中国经济总量已跃居世界第二，随着经济总量增加的还有人均 GDP。由于国家实行宽松的货币政策，加大了货币的发行量，人民的生活水平得到相应的提高，同时促进社会平均工资水平的提高。中国是社会主义国家，实行按劳分配和按需分配，分配制度是否公平直接影响社会平均工资水平。国家为了扩大内需，拉动消费，加快城镇化的步伐，加大基础设施的投资和建设，使得大部分农村人口转变为城镇人口，再加上计划生育政策、人口老龄化、大学扩招，影响了劳动力数量，进而影响人工单价。由于计划生育政策造成的影响在短期内是显现不出来的，因此本文没有将其作为影响因素考虑。

建立工程项目成本影响因素的 ISM 模型首先就需要判断各因素之间的相互关系，并建立邻接矩阵。根据上一章获得的对施工成本各科目影响因素，研究邀请了施工管理领域的 10 位专家分别对各成本影响因要素进行两两比较，判断每一个要素对参考要素的直接影响。在 ISM 建模方法中，通常用 V、A、X、O 表示因素间的相互关系，若影响因素相互关系的判断矩阵中元素。

$$a_{ij} = \begin{cases} V \\ A \\ X \\ O \end{cases}$$

V 表示因素 i 影响因素 j；A 表示因素 j 影响因素 I；X 表示 ij 互相影响；O 表示 ij 互不影响。

在判断完相互关系之后，为因素之间的影响关系赋值，赋值规则如下：

（1）S_i 对 S_j 有直接影响，则赋值 1；S_i 对 S_j 无直接影响，则赋值 0。

（2）当两个要素之间存在相互有直接影响的关系时，影响大的赋值为 1；影响小的赋值为 0。

将上文阐述的影响人工单价的 11 个影响因素即经济增长速度、通货膨胀率、适龄人口数量、大学入学率、新开工项目、分配公平度、人均GDP、社会平均工资水平、适龄工人数量、建筑业对个人需求量、其他行业对工人需求量，按照顺序分别将其命名为 S_1，S_2，S_3，S_4，S_5，S_6，S_7，S_8，S_9，S_{10}，S_{11}。具体步骤如下：

1）生成邻接矩阵 **M**

研究邀请了施工管理领域的 9 位专家分别对各成本影响因要素进行两两比较，判断每一个要素对参考要素的直接影响。根据专家们的知识经验，讨论确定因素来源体之间直接或递推的二元关系，经过对专家的访谈，深入分析 11 个影响因素之间的关系，得到专家评判的综合结果。建立各因素间的关系如表 6-9 所示。

表 6-9　人工单价的影响因素

因素 S_i	直接影响因素
人工单价 S_0	
经济增长速度 S_1	S_7，S_{11}
通货膨胀率 S_2	S_7
适龄人口数量 S_3	S_9
大学入学率 S_4	S_9
新开工项目 S_5	S_{10}
分配公平度 S_6	S_8
人均 GDP S_7	S_8
社会平均工资水平 S_8	S_0
适龄工人数量 S_9	S_0
建筑业对工人需求量 S_{10}	S_0
其他行业对工人需求量 S_{11}	S_0

根据表中确定的关系用邻接矩阵 **A** 表示。如下式所示：

$$A = \begin{array}{c} \\ S_1 \\ S_2 \\ S_3 \\ S_4 \\ S_5 \\ S_6 \\ S_7 \\ S_8 \\ S_9 \\ S_{10} \\ S_{11} \end{array} \begin{array}{c} \begin{array}{ccccccccccc} S_1 & S_2 & S_3 & S_4 & S_5 & S_6 & S_7 & S_8 & S_9 & S_{10} & S_{11} \end{array} \\ \left[\begin{array}{ccccccccccc} 0 & 0 & 0 & 0 & 0 & 0 & 1 & 0 & 0 & 0 & 1 \\ 0 & 0 & 0 & 0 & 0 & 0 & 1 & 0 & 0 & 0 & 0 \\ 0 & 0 & 0 & 0 & 0 & 0 & 0 & 0 & 1 & 0 & 0 \\ 0 & 0 & 0 & 0 & 0 & 0 & 0 & 0 & 1 & 0 & 0 \\ 0 & 0 & 0 & 0 & 0 & 0 & 0 & 0 & 0 & 1 & 0 \\ 0 & 0 & 0 & 0 & 0 & 0 & 0 & 1 & 0 & 0 & 0 \\ 0 & 0 & 0 & 0 & 0 & 0 & 0 & 1 & 0 & 0 & 0 \\ 0 & 0 & 0 & 0 & 0 & 0 & 0 & 0 & 0 & 0 & 0 \\ 0 & 0 & 0 & 0 & 0 & 0 & 0 & 0 & 0 & 0 & 0 \\ 0 & 0 & 0 & 0 & 0 & 0 & 0 & 0 & 0 & 0 & 0 \\ 0 & 0 & 0 & 0 & 0 & 0 & 0 & 0 & 0 & 0 & 0 \end{array} \right] \end{array}$$

2）构建可达矩阵

根据邻接矩阵 A，求得 A 加单位矩阵 I，再通过布尔运算法则，运用 Matlab 计算软件，对 A+I 进行幂运算，使得$(A+I)^{k-1} \neq (A+I)^k = (A+I)^{k+1}$，此时得到的 $M=(A+I)^k$ 即为可达矩阵。

$$
M=
\begin{array}{c}
\\ S_1 \\ S_2 \\ S_3 \\ S_4 \\ S_5 \\ S_6 \\ S_7 \\ S_8 \\ S_9 \\ S_{10} \\ S_{11}
\end{array}
\begin{array}{c}
\begin{array}{ccccccccccc} S_1 & S_2 & S_3 & S_4 & S_5 & S_6 & S_7 & S_8 & S_9 & S_{10} & S_{11} \end{array} \\
\left[
\begin{array}{ccccccccccc}
1 & 0 & 0 & 0 & 0 & 0 & 1 & 1 & 0 & 0 & 1 \\
0 & 1 & 0 & 0 & 0 & 0 & 1 & 1 & 0 & 0 & 0 \\
0 & 0 & 1 & 0 & 0 & 0 & 0 & 0 & 1 & 0 & 0 \\
0 & 0 & 0 & 1 & 0 & 0 & 0 & 0 & 1 & 0 & 0 \\
0 & 0 & 0 & 0 & 1 & 0 & 0 & 0 & 0 & 1 & 0 \\
0 & 0 & 0 & 0 & 0 & 1 & 0 & 1 & 0 & 0 & 0 \\
0 & 0 & 0 & 0 & 0 & 0 & 1 & 1 & 0 & 0 & 0 \\
0 & 0 & 0 & 0 & 0 & 0 & 0 & 1 & 0 & 0 & 0 \\
0 & 0 & 0 & 0 & 0 & 0 & 0 & 0 & 1 & 0 & 0 \\
0 & 0 & 0 & 0 & 0 & 0 & 0 & 0 & 0 & 1 & 0 \\
0 & 0 & 0 & 0 & 0 & 0 & 0 & 0 & 0 & 0 & 1
\end{array}
\right]
\end{array}
$$

3）划分区域

可达矩阵 M 的可达集 $R(S_i)$、先行集 $A(S_i)$、共同集 $C(S_i)$，如表 6-10 所示。

表 6-10　人工单价要素集表

S_i	可达集 $R(S_i)$	先行集 $A(S_i)$	共同集 $C(S_i)$
S_1	S_1，S_7，S_8，S_{11}	S_1	S_1
S_2	S_2，S_7，S_8	S_2	S_2
S_3	S_3，S_9	S_3	S_3
S_4	S_4，S_9	S_4	S_4
S_5	S_5，S_{10}	S_5	S_5
S_6	S_6，S_8	S_6	S_6
S_7	S_7，S_8	S_1，S_2，S_7	S_7
S_8	S_8	S_1，S_2，S_6，S_7，S_8	S_8

S_i	可达集 $R(S_i)$	先行集 $A(S_i)$	共同集 $C(S_i)$
S_9	S_9	S_3，S_4，S_9	S_9
S_{10}	S_{10}	S_5，S_{10}	S_{10}
S_{11}	S_{11}	S_1，S_{11}	S_{11}

根据上表的结果对可达矩阵进行重排序并对矩阵进行区域划分，可以得到层次化的可达矩阵。如表 6-11 所示：

表 6-11 分层可达矩阵

	S_8	S_9	S_{10}	S_{11}	S_3	S_4	S_5	S_6	S_7	S_1	S_2
S_8	1	0	0	0	0	0	0	0	0	0	0
S_9	0	1	0	0	0	0	0	0	0	0	0
S_{10}	0	0	1	0	0	0	0	0	0	0	0
S_{11}	0	0	0	1	0	0	0	0	0	0	0
S_3	0	1	0	0	1	0	0	0	0	0	0
S_4	0	1	0	0	0	1	0	0	0	0	0
S_5	0	0	1	0	0	0	1	0	0	0	0
S_6	1	0	0	0	0	0	0	1	0	0	0
S_7	1	0	0	0	0	0	0	0	1	0	0
S_1	1	0	0	1	0	0	0	0	1	1	0
S_2	1	0	0	0	0	0	0	0	1	0	1

4）划分等级

根据上表可以看出，矩阵被分做了三个区域，每一个区域代表一个递阶结构层次，即影响工程量的因素可以分为三个层次，第一层为 S_8，S_9、S_{10} 和 S_{11}，第二层为 S_3，S_4，S_5，S_6 和 S_7，第三层为 S_1，S_2。

根据分层与要素的对应关系可得到影响人工单价因素的解释结构模型图，如图 6-5 所示。

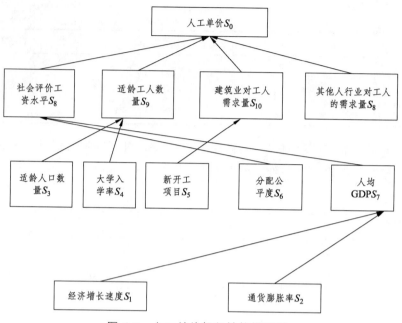

图 6-5　人工单价解释结构模型图

5）模型分析

从城市地下综合管廊工程项目人工单价影响因素的解释结构模型图6-5可以看出，利用解释结构模型进行城市地下综合管廊工程项目人工单价影响因素的分析有助于把城市地下综合管廊工程项目人工单价影响因素间的复杂关系层次化和条理化。城市地下综合管廊工程项目工程量估算准确性影响因素解释结构模型的分析结果说明：

（1）在这些影响因素中，对城市地下综合管廊工程项目人工单价最直接最基本的影响因素是社会平均工资水平、适龄工人数量、建筑业对工人需求量、其他行业对工人需求量，这些影响因素是城市地下综合管廊工程项目人工单价的内因，它受到下一级因素的影响，其他的影响因素都是通过它才能够影响城市地下综合管廊工程项目人工单价。四个因素前两个有效的代表工人的供应量，后两个代表工人的需求量，明晰供应量和需求量才是解决城市地下综合管廊工程项目人工单价不确定性的最根本途径。

（2）影响城市地下综合管廊工程项目人工单价的中间因素是适龄人

口数量、大学入学率、新开工项目、分配公平度、人均 GDP。中间因素通过直接因素影响人工单价。

（3）城市地下综合管廊工程项目工程量的深层次影响因素包括经济增长速度、通货膨胀率，它是决定城市地下综合管廊工程项目人工单价的客观因素，对人工供给量和需求量均有影响。

2. 材料费单价

影响材料单价的因素有材料供应商的数量、城镇化速度、基础设施投资政策、经济景气指数、通货膨胀率、新开工项目、材料生产成本、材料供应产能、材料需求量等。中国的经济迅猛发展，但是城镇化水平远远低于发达国家，因此国家加快了城镇化建设的步伐，加大基础设施的投资，使得新开工的项目较多，带动行业上游产业发展，同时材料的需求增大，使得材料供应商的数量增加，供应产能增大。另一方面，通货膨胀使得人民币加速贬值，对材料生产成本造成很大的影响。

将上文阐述的影响材料单价的 9 个影响因素即材料供应商的数量、城镇化速度、基础设施投资政策、经济景气指数、通货膨胀率、新开工项目、材料生产成本、材料供应产能、材料需求量，按照顺序分别将其命名为 S_1，S_2，S_3，S_4，S_5，S_6，S_7，S_8，S_9。具体步骤如下：

1）生成邻接矩阵 M

研究邀请了施工管理领域的 9 位专家分别对各成本影响因要素进行两两比较，判断每一个要素对参考要素的直接影响。根据专家们的知识经验，讨论确定因素来源体之间直接或递推的二元关系，经过对专家的访谈，深入分析 9 个影响因素之间的关系，得到专家评判的综合结果。建立各因素间的关系如表 6-12 所示。

表 6-12　材料价格影响因素

因素 S_i	直接影响因素
材料价格 S_0	
材料供应商的数量 S_1	S_8
城镇化速度 S_2	S_6

因素 S_i	直接影响因素
基础设施投资政策 S_3	S_6
经济景气指数 S_4	S_6
通货膨胀率 S_5	S_7
新开工项目 S_6	S_9
材料生产成本 S_7	S_0
材料供应产能 S_8	S_0
材料需求量 S_9	S_0

根据表中确定的关系用邻接矩阵 A 表示。如下式所示：

$$A = \begin{array}{c} \\ S_1 \\ S_2 \\ S_3 \\ S_4 \\ S_5 \\ S_6 \\ S_7 \\ S_8 \\ S_9 \end{array} \begin{array}{ccccccccc} S_1 & S_2 & S_3 & S_4 & S_5 & S_6 & S_7 & S_8 & S_9 \\ \left[\begin{array}{ccccccccc} 0 & 0 & 0 & 0 & 0 & 0 & 0 & 1 & 0 \\ 0 & 0 & 0 & 0 & 0 & 1 & 0 & 0 & 0 \\ 0 & 0 & 0 & 0 & 0 & 1 & 0 & 0 & 0 \\ 0 & 0 & 0 & 0 & 0 & 1 & 0 & 0 & 0 \\ 0 & 0 & 0 & 0 & 0 & 0 & 1 & 0 & 0 \\ 0 & 0 & 0 & 0 & 0 & 0 & 0 & 0 & 1 \\ 0 & 0 & 0 & 0 & 0 & 0 & 0 & 0 & 0 \\ 0 & 0 & 0 & 0 & 0 & 0 & 0 & 0 & 0 \\ 0 & 0 & 0 & 0 & 0 & 0 & 0 & 0 & 0 \end{array}\right] \end{array}$$

2）构建可达矩阵

根据邻接矩阵 A，求得 A 加单位矩阵 I，再通过布尔运算法则，运用 Matlab 计算软件，对 $A+I$ 进行幂运算，使得 $(A+I)^{k-1} \neq (A+I)^k = (A+I)^{k+1}$，此时得到的 $M = (A+I)^k$ 即为可达矩阵。

$$M = \begin{array}{c} \\ S_1 \\ S_2 \\ S_3 \\ S_4 \\ S_5 \\ S_6 \\ S_7 \\ S_8 \\ S_9 \end{array} \begin{array}{ccccccccc} S_1 & S_2 & S_3 & S_4 & S_5 & S_6 & S_7 & S_8 & S_9 \\ \left[\begin{array}{ccccccccc} 1 & 0 & 0 & 0 & 0 & 0 & 0 & 1 & 0 \\ 0 & 1 & 0 & 0 & 0 & 1 & 0 & 0 & 1 \\ 0 & 0 & 1 & 0 & 0 & 1 & 0 & 0 & 1 \\ 0 & 0 & 0 & 1 & 0 & 1 & 0 & 0 & 1 \\ 0 & 0 & 0 & 0 & 1 & 0 & 1 & 0 & 0 \\ 0 & 0 & 0 & 0 & 0 & 1 & 0 & 0 & 1 \\ 0 & 0 & 0 & 0 & 0 & 0 & 1 & 0 & 0 \\ 0 & 0 & 0 & 0 & 0 & 0 & 0 & 1 & 0 \\ 0 & 0 & 0 & 0 & 0 & 0 & 0 & 0 & 1 \end{array}\right] \end{array}$$

3）划分区域

可达矩阵 M 的可达集 $R(S_i)$、先行集 $A(S_i)$、共同集 $C(S_i)$，如表 6-13 所示。

表 6-13　材料单价要素集

S_i	可达集 $R(S_i)$	先行集 $A(S_i)$	共同集 $C(S_i)$
S_1	S_1，S_8	S_1	S_1
S_2	S_2，S_6，S_9	S_2	S_2
S_3	S_3，S_6，S_9	S_3	S_3
S_4	S_4，S_6，S_9	S_4	S_4
S_5	S_5，S_7	S_5	S_5
S_6	S_6，S_9	S_2，S_3，S_4，S_6	S_6
S_7	S_7	S_5，S_7	S_7
S_8	S_8	S_1，S_8	S_8
S_9	S_9	S_2，S_3，S_4，S_6，S_9	S_9

根据表 6-13 的结果对可达矩阵进行重排序并对矩阵进行区域划分，可以得到层次化的可达矩阵。如表 6-14 所示。

表 6-14　分层可达矩阵

	S_7	S_8	S_9	S_1	S_5	S_6	S_2	S_3	S_4
S_7	1	0	0	0	0	0	0	0	0
S_8	0	1	0	0	0	0	0	0	0
S_9	0	0	1	0	0	0	0	0	0
S_1	0	1	0	1	0	0	0	0	0
S_5	1	0	0	0	1	0	0	0	0
S_6	0	0	1	0	0	1	0	0	0
S_2	0	0	1	0	0	1	1	0	0
S_3	0	0	1	0	0	1	0	1	0
S_4	0	0	1	0	0	1	0	0	1

4）划分等级

根据表 6-14 可以看出，矩阵被分做三个区域，每一个区域代表一个递阶结构层次，即影响材料单价的因素可以分为三个层次，第一层为 S_7，S_8 和 S_9，第二层为 S_1，S_5 和 S_6，第三层为 S_2，S_4 和 S_3。

根据分层与要素的对应关系可得到材料单价影响因素的解释结构模型图，如图 6-6 所示。

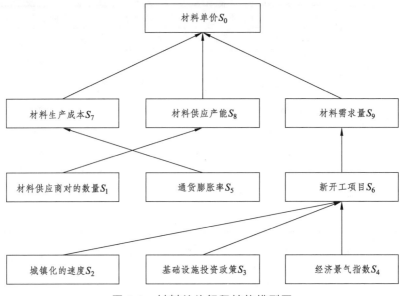

图 6-6 材料单价解释结构模型图

5）模型分析

从城市地下综合管廊工程项目材料单价影响因素的解释结构模型图（图 6-6）可以看出，利用解释结构模型进行城市地下综合管廊工程项目材料单价影响因素的分析有助于把城市地下综合管廊工程项目材料单价影响因素间的复杂关系层次化和条理化。城市地下综合管廊工程项目材料单价影响因素解释结构模型的分析结果说明：

（1）在这些影响因素中，对城市地下综合管廊工程项目材料单价最直接最基本的影响因素是材料生产成本、材料供应产能、材料需求量，这些影响因素是城市地下综合管廊工程项目材料单价的内因，它受到下一级因素的影响，其他的影响因素都是通过它才能够影响城市地下综合管廊工程项目材料单价。前两个因素有效的代表材料的供应量，后一个因素代表材料的需求量，明晰供应量和需求量才是解决城市地下综合管廊工程项目人工单价不确定性的最根本途径。

（2）影响城市地下综合管廊工程项目材料单价的中间因素是材料供应商、通货膨胀、新开工项目。中间因素通过直接因素影响材料单价。

（3）城市地下综合管廊工程项目工程量的深层次影响因素包括城镇化速度、基础设施投资政策、经济景气指数，它是决定城市地下综合管廊工程项目材料单价的客观因素，集中对材料的需求量产生影响。

3. 机械台班费单价

影响机械单价的因素有机械供应商的数量、城镇化速度、基础设施投资政策、经济景气指数、通货膨胀率、新开工项目、机械生产成本、机械供应产能、机械需求量等。影响机械单价的需求因素与材料单价的相同，解释分析不再累述。供应市场中机械供应商的数量、机械供应产能、机械生产成本都会对机械的价格产生影响。

将上述的影响机械单价的 9 个影响因素即机械供应商的数量、城镇化速度、基础设施投资政策、经济景气指数、通货膨胀率、新开工项目、机械生产成本、机械供应产能、机械需求量，按照顺序分别将其命名为 S_1，S_2，S_3，S_4，S_5，S_6，S_7，S_8，S_9。具体步骤如下：

1）生成邻接矩阵 M

研究邀请了施工管理领域的 9 位专家分别对各成本影响因要素进行两两比较，判断每一个要素对参考要素的直接影响。根据专家们的知识经验，讨论确定因素来源体之间直接或递推的二元关系，经过对专家的访谈，深入分析 11 个影响因素之间的关系，得到专家评判的综合结果。建立各因素间的关系如表 6-15 所示。

表 6-15　机械台班价格影响因素

因素 S_i	直接影响因素
机械台班价格 S_0	
机械供应商的数量 S_1	S_8
城镇化速度 S_2	S_6
基础设施投资政策 S_3	S_6

因素 S_i	直接影响因素
经济景气指数 S_4	S_6
通货膨胀率 S_5	S_7
新开工项目 S_6	S_9
机械生产成本 S_7	S_0
机械供应产能 S_8	S_0
机械需求量 S_9	S_0

根据表中确定的关系用邻接矩阵 A 表示。如下式所示：

$$A=\begin{array}{c}\\ S_1\\ S_2\\ S_3\\ S_4\\ S_5\\ S_6\\ S_7\\ S_8\\ S_9\end{array}\begin{array}{ccccccccc} S_1 & S_2 & S_3 & S_4 & S_5 & S_6 & S_7 & S_8 & S_9 \\ \left[\begin{array}{ccccccccc} 0 & 0 & 0 & 0 & 0 & 0 & 0 & 1 & 0 \\ 0 & 0 & 0 & 0 & 0 & 1 & 0 & 0 & 0 \\ 0 & 0 & 0 & 0 & 0 & 1 & 0 & 0 & 0 \\ 0 & 0 & 0 & 0 & 0 & 1 & 0 & 0 & 0 \\ 0 & 0 & 0 & 0 & 0 & 0 & 1 & 0 & 0 \\ 0 & 0 & 0 & 0 & 0 & 0 & 0 & 0 & 1 \\ 0 & 0 & 0 & 0 & 0 & 0 & 0 & 0 & 0 \\ 0 & 0 & 0 & 0 & 0 & 0 & 0 & 0 & 0 \\ 0 & 0 & 0 & 0 & 0 & 0 & 0 & 0 & 0 \end{array}\right] \end{array}$$

2) 构建可达矩阵

根据邻接矩阵 A，求得 A 加单位矩阵 I，再通过布尔运算法则，运用 Matlab 计算软件，对 $A+I$ 进行幂运算，使得 $(A+I)^{k-1}\neq(A+I)^{k}=(A+I)^{k+1}$，此时得到的 $M=(A+I)^{k}$ 即为可达矩阵。

$$M=\begin{array}{c}\\ S_1\\ S_2\\ S_3\\ S_4\\ S_5\\ S_6\\ S_7\\ S_8\\ S_9\end{array}\begin{array}{ccccccccc} S_1 & S_2 & S_3 & S_4 & S_5 & S_6 & S_7 & S_8 & S_9 \\ \left[\begin{array}{ccccccccc} 1 & 0 & 0 & 0 & 0 & 0 & 0 & 1 & 0 \\ 0 & 1 & 0 & 0 & 0 & 1 & 0 & 0 & 1 \\ 0 & 0 & 1 & 0 & 0 & 1 & 0 & 0 & 1 \\ 0 & 0 & 0 & 1 & 0 & 1 & 0 & 0 & 1 \\ 0 & 0 & 0 & 0 & 1 & 0 & 1 & 0 & 0 \\ 0 & 0 & 0 & 0 & 0 & 1 & 0 & 0 & 1 \\ 0 & 0 & 0 & 0 & 0 & 0 & 1 & 0 & 0 \\ 0 & 0 & 0 & 0 & 0 & 0 & 0 & 1 & 0 \\ 0 & 0 & 0 & 0 & 0 & 0 & 0 & 0 & 1 \end{array}\right] \end{array}$$

3）划分区域

可达矩阵 M 的可达集 $R(S_i)$、先行集 $A(S_i)$、共同集 $C(S_i)$，如表 6-16 所示。

表 6-16　机械单价要素集

S_i	可达集 $R(S_i)$	先行集 $A(S_i)$	共同集 $C(S_i)$
S_1	S_1，S_8	S_1	S_1
S_2	S_2，S_6，S_9	S_2	S_2
S_3	S_3，S_6，S_9	S_3	S_3
S_4	S_4，S_6，S_9	S_4	S_4
S_5	S_5，S_7	S_5	S_5
S_6	S_6，S_9	S_2，S_3，S_4，S_6	S_6
S_7	S_7	S_5，S_7	S_7
S_8	S_8	S_1，S_8	S_8
S_9	S_9	S_2，S_3，S_4，S_6，S_9	S_9

根据表 6-16 的结果对可达矩阵进行重排序并对矩阵进行区域划分，可以得到层次化的可达矩阵。如表 6-17 所示。

表 6-17　分层可达矩阵

	S_7	S_8	S_9	S_1	S_5	S_6	S_2	S_3	S_4
S_7	1	0	0	0	0	0	0	0	0
S_8	0	1	0	0	0	0	0	0	0
S_9	0	0	1	0	0	0	0	0	0
S_1	0	1	0	1	0	0	0	0	0
S_5	1	0	0	0	1	0	0	0	0
S_6	0	0	1	0	0	1	0	0	0
S_2	0	0	1	0	0	1	1	0	0
S_3	0	0	1	0	0	1	0	1	0
S_4	0	0	1	0	0	1	0	0	1

4）划分等级

根据表6-17可以看出，矩阵被分成三个区域，每一个区域代表一个递阶结构层次，即影响机械单机的因素可以分为三个层次，第一层为 S_7，S_8 和 S_9，第二层为 S_1，S_5 和 S_6，第三层为 S_2，S_3 和 S_4。

根据分层与要素的对应关系可得到机械单机影响因素的解释结构模型图，如图6-7所示。

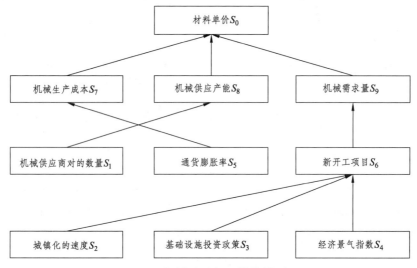

图 6-7　机械单价解释结构模型图

5）模型分析

从城市地下综合管廊工程项目机械单价影响因素的解释结构模型图（图 6-7）可以看出，利用解释结构模型进行城市地下综合管廊工程项目机械单价影响因素的分析有助于把城市地下综合管廊工程项目机械单价影响因素间的复杂关系层次化和条理化。城市地下综合管廊工程项目机械单价影响因素解释结构模型的分析结果说明：

（1）在这些影响因素中，对城市地下综合管廊工程项目机械单价最直接最基本的影响因素是机械生产成本、机械供应产能、机械需求量，这些影响因素是城市地下综合管廊工程项目机械单价的内因，它受到下一级因素的影响，其他的影响因素都是通过它才能够影响城市地下综合管廊工程项目机械单价。前两个因素有效的代表机械的供应量，后一个因素代表机械的需求量，明晰供应量和需求量才是解决城市地下综合管廊工程项目机械单价不确定性的最根本途径。

（2）影响城市地下综合管廊工程项目机械单价的中间因素是机械供应商、通货膨胀、新开工项目。中间因素通过直接因素影响机械单价。

（3）城市地下综合管廊工程项目工程量的深层次影响因素包括城镇化速度、基础设施投资政策、经济景气指数，它是决定城市地下综合管廊工程项目机械单价的客观因素，集中对机械的需求量产生影响。

6.2.4 人机料消耗量影响因素系统结构分析

影响单位实体工程的人机料消耗量的主客观因素主要包括：业主的管理水平、设计标准变化、勘察设计质量、工程技术标准、地质条件、地形条件、气候条件、运输条件等八个要素。

将上述的影响机械单价的 8 个影响因素即业主的管理水平、设计标准变化、勘察设计质量、工程技术标准、地质条件、地形条件、气候条件、运输条件，按照顺序分别将其命名为 S_1，S_2，S_3，S_4，S_5，S_6，S_7，S_8。具体步骤如下：

1. 生成邻接矩阵 M

研究邀请了施工管理领域的 9 位专家分别对各成本影响因要素进行两两比较，判断每一个要素对参考要素的直接影响。根据专家们的知识经验，讨论确定因素来源体之间直接或递推的二元关系，经过对专家的访谈，深入分析 8 个影响因素之间的关系，得到专家评判的综合结果。建立各因素间的关系如表 6-18 所示。

表 6-18 人机料消耗量影响因素

因素 S_i	直接影响因素
人机料消耗量 S_0	
业主的管理水平 S_1	S_2、S_3
设计标准变化 S_2	S_4
勘察设计质量 S_3	S_5、S_6、S_7、S_8

因素 S_i	直接影响因素
工程技术标准 S_4	S_0
地质条件 S_5	S_0
地形条件 S_6	S_0
气候条件 S_7	S_0
运输条件 S_8	S_0

根据表中确定的关系用邻接矩阵 A 表示。如下式所示:

$$A = \begin{array}{c} \\ S_1 \\ S_2 \\ S_3 \\ S_4 \\ S_5 \\ S_6 \\ S_7 \\ S_8 \end{array} \begin{array}{cccccccc} S_1 & S_2 & S_3 & S_4 & S_5 & S_6 & S_7 & S_8 \\ \left[\begin{array}{cccccccc} 0 & 1 & 1 & 0 & 0 & 0 & 0 & \\ 0 & 0 & 0 & 1 & 0 & 0 & 0 & 0 \\ 0 & 0 & 0 & 0 & 1 & 1 & 1 & 1 \\ 0 & 0 & 0 & 0 & 0 & 0 & 0 & 0 \\ 0 & 0 & 0 & 0 & 0 & 0 & 0 & 0 \\ 0 & 0 & 0 & 0 & 0 & 0 & 0 & 0 \\ 0 & 0 & 0 & 0 & 0 & 0 & 0 & 0 \\ 0 & 0 & 0 & 0 & 0 & 0 & 0 & 0 \end{array}\right] \end{array}$$

2. 构建可达矩阵

根据邻接矩阵 A,求得 A 加单位矩阵 I,再通过布尔运算法则,运用 Matlab 计算软件,对 $A+I$ 进行幂运算,使得 $(A+I)^{k-1} \neq (A+I)^k = (A+I)^{k+1}$,此时得到的 $M = (A+I)^k$ 即为可达矩阵。

$$A = \begin{array}{c} \\ S_1 \\ S_2 \\ S_3 \\ S_4 \\ S_5 \\ S_6 \\ S_7 \\ S_8 \end{array} \begin{array}{cccccccc} S_1 & S_2 & S_3 & S_4 & S_5 & S_6 & S_7 & S_8 \\ \left[\begin{array}{cccccccc} 1 & 1 & 1 & 0 & 0 & 0 & 0 & \\ 0 & 1 & 0 & 1 & 0 & 0 & 0 & 0 \\ 0 & 0 & 1 & 0 & 1 & 1 & 1 & 1 \\ 0 & 0 & 0 & 1 & 0 & 0 & 0 & 0 \\ 0 & 0 & 0 & 0 & 1 & 0 & 0 & 0 \\ 0 & 0 & 0 & 0 & 0 & 1 & 0 & 0 \\ 0 & 0 & 0 & 0 & 0 & 0 & 1 & 0 \\ 0 & 0 & 0 & 0 & 0 & 0 & 0 & 1 \end{array}\right] \end{array}$$

3. 划分区域

可达矩阵 M 的可达集 $R(S_i)$、先行集 $A(S_i)$、共同集 $C(S_i)$，如下表所示。

表 6-19　工程量要素集

S_i	可达集 $R(S_i)$	先行集 $A(S_i)$	共同集 $C(S_i)$
S_1	S_1，S_2，S_3	S_1	S_1
S_2	S_2，S_4	S_1，S_2	S_2
S_3	S_3，S_5，S_6，S_7，S_8	S_1，S_3	S_3
S_4	S_4	S_2，S_4	S_4
S_5	S_5	S_3，S_5	S_5
S_6	S_6	S_3，S_6	S_6
S_7	S_7	S_3，S_7	S_7
S_8	S_8	S_3，S_8	S_8

根据表 6-19 的结果对可达矩阵进行重排序并对矩阵进行区域划分，可以得到层次化的可达矩阵。如表 6-20 所示。

表 6-20　分层可达矩阵

	S_1	S_2	S_4	S_3	S_5	S_6	S_7	S_8
S_1	1	0	0	0	0	0	0	0
S_2	1	1	0	0	0	0	0	0
S_4	1	0	1	0	0	0	0	0
S_3	1	0	0	1	0	0	0	0
S_5	1	0	0	1	1	0	0	0
S_6	1	0	0	1	0	1	0	0
S_7	1	0	0	1	0	0	1	0
S_8	1	0	0	1	0	0	1	1

4. 划分等级

根据表 6-20 可以看出，矩阵被分做了四个区域，每一个区域代表一个递阶结构层次，即影响工程量的因素可以分为四个层次，第一层为S_1，第二层为S_2、S_3，第三层为S_4、S_5、S_6、S_7和S_8，第四层为S_0。

根据分层与要素的对应关系和解释结构模型强调的是要素之间的直接关系，对于跨级间的联系，如果有邻级间的有向线段可以代替，就可以省略该有向线段。可得到工程量影响因素的解释结构模型图，如图 6-9 所示。

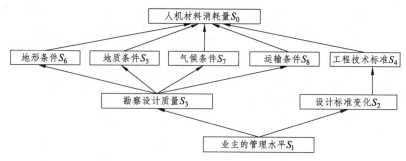

图 6-9　人机料消耗量解释结构模型

5. 模型分析

从城市地下综合管廊工程项目人机料消耗量影响因素的解释结构模型图（图 6-9）可以看出，利用解释结构模型进行城市地下综合管廊工程人机料消耗量的分析有助于把城市地下综合管廊工程人机料消耗量影响因素间的复杂关系层次化和条理化。城市地下综合管廊工程人机料消耗量影响因素解释结构模型的分析结果说明：

（1）在这些影响因素中，对城市地下综合管廊工程人机料消耗量最直接最基本的影响因素是工程技术标准、地质条件、地形条件、气候条件、运输条件，这些影响因素是城市地下综合管廊工程人机料消耗量的内因，它受到下一级因素的影响，其他的影响因素都是通过它才能够影响城市地下综合管廊工程人机料消耗量。

（2）影响城市地下综合管廊工程人机料消耗量的中间因素是设计标准变化、勘察设计质量。中间因素通过直接因素影响人机料消耗量，其中设计标准的变化是导致工程技术标准变化的直接原因，而勘察设计质量水平的高低会对工程的地质条件、地形条件、气候条件、运输条件等因素产生直接影响，从而影响人机料的消耗量。

（3）影响城市地下综合管廊工程人机料消耗量的深层次影响因素是业主的管理水平，业主管理水平的高低会影响到他对勘察设计单位的选择以及对勘察设计过程的控制，从而影响工程的勘察设计质量；另外业主的管理水平高低还会影响到设计变更的多少，有远见、有大局观的业主能够在工程较早的阶段就确定好城市地下综合管廊工程的技术标准，避免对后续工作的扰乱，而管理水平较低的业主在项目实施的不同阶段总是在不断调整道路的技术标准，从而对整个城市地下综合管廊工程造价管理造成很大的困扰。

6.2.5　实体工程量影响因素系统结构分析

在可行性研究阶段，城市地下综合管廊工程项目工程量的准确性受主观因素和客观因素的影响，主观因素包括设计单位的经验和能力、业主的重视程度、勘察设计周期、设计单位的资源投入、勘察设计质量；客观因素包括地形等级和地质条件。

勘察设计阶段的参与者主要包括业主和勘察设计单位。其中任意一方都可能会对工程量计算的准确性造成影响，从而影响项目的不确定性。

城市地下综合管廊工程项目的勘察设计须交由具备相应工程勘察设计资质的设计单位编制。因此，勘察设计单位的经验和能力是影响勘察设计质量的重要因素。另外，勘察设计单位受制于业主单位，一般情况下，业主给勘察设计单位编制勘察设计文件的时间较少，有时提供的资料也不健全，由于勘察机构提供的勘察资料不深入，导致的工程量计算不准确，从而影响了勘察设计的质量。

为了能方便地构建模型，将上文阐述的影响工程量的 8 个影响因素即项目的特殊性、项目的复杂度、编制单位的经验和能力、业主的重视程度、可行性研究报告编制周期、编制单位的资源投入、可行性研究报告编制深度、可行性研究报告质量，可行性研究报告的质量，按照顺序分别将其命名为 S_1，S_2，S_3，S_4，S_5，S_6，S_7，S_8。具体步骤如下：

1. 生成邻接矩阵 M

根据专家们的知识经验，讨论确定因素来源体之间直接或递推的二元关系，经过对专家的访谈，深入分析 8 个影响因素之间的关系，得到专家评判的综合结果，建立各因素间的关系如表 6-21 所示。

表 6-21　实体工程量的影响关系要素

因素 S_i	直接影响因素
工程量估算的准确性 S_0	
项目的地质条件 S_1	S_8
项目的地形条件 S_2	S_8
设计单位的经验和能力 S_3	S_7
业主的重视程度 S_4	S_5
勘察设计周期 S_5	S_7
勘察设计单位的资源投入 S_6	S_7
勘察设计文件编制深度 S_7	S_8
勘察设计质量质量 S_8	S_0

根据表中确定的关系用邻接矩阵 A 表示。邻接矩阵 A 的构造规则如下：

① S_i 对 S_j 有直接影响，记为 1，否则为 0。

② S_j 对 S_i 有直接影响，记为 1，否则为 0。

$$A = \begin{array}{c} \\ S_1 \\ S_2 \\ S_3 \\ S_4 \\ S_5 \\ S_6 \\ S_7 \\ S_8 \end{array} \begin{array}{cccccccc} S_1 & S_2 & S_3 & S_4 & S_5 & S_6 & S_7 & S_8 \\ \left[\begin{array}{cccccccc} 0 & 0 & 0 & 0 & 0 & 0 & 0 & 1 \\ 0 & 0 & 0 & 0 & 0 & 0 & 0 & 1 \\ 0 & 0 & 0 & 0 & 0 & 0 & 1 & 0 \\ 0 & 0 & 0 & 0 & 1 & 0 & 0 & 0 \\ 0 & 0 & 0 & 0 & 0 & 0 & 1 & 0 \\ 0 & 0 & 0 & 0 & 0 & 0 & 1 & 0 \\ 0 & 0 & 0 & 0 & 0 & 0 & 0 & 1 \\ 0 & 0 & 0 & 0 & 0 & 0 & 0 & 0 \end{array} \right] \end{array}$$

2. 构建可达矩阵

根据邻接矩阵 A，求得 A 加单位矩阵 I，再通过布尔运算法则，运用 Matlab 计算软件，对 $A+I$ 进行幂运算，使得 $(A+I)^{k-1} \neq (A+I)^k = (A+I)^{k+1}$，此时得到的 $M=(A+I)k$ 即为可达矩阵。

$$
M = \begin{array}{c} \\ S_1 \\ S_2 \\ S_3 \\ S_4 \\ S_5 \\ S_6 \\ S_7 \\ S_8 \end{array}
\begin{array}{c} \begin{matrix} S_1 & S_2 & S_3 & S_4 & S_5 & S_6 & S_7 & S_8 \end{matrix} \\
\begin{bmatrix}
1 & 0 & 0 & 0 & 0 & 0 & 0 & 1 \\
0 & 1 & 0 & 0 & 0 & 0 & 0 & 1 \\
0 & 0 & 1 & 0 & 0 & 0 & 1 & 1 \\
0 & 0 & 0 & 1 & 1 & 0 & 1 & 1 \\
0 & 0 & 0 & 0 & 1 & 0 & 1 & 1 \\
0 & 0 & 0 & 0 & 0 & 1 & 1 & 1 \\
0 & 0 & 0 & 0 & 0 & 0 & 1 & 1 \\
0 & 0 & 0 & 0 & 0 & 0 & 0 & 1
\end{bmatrix} \end{array}
$$

3. 划分区域

可达矩阵 M 的可达集 $R(S_i)$、先行集 $A(S_i)$、共同集 $C(S_i)$，如下表所示。

表 6-22　工程量要素集

S_i	可达集 $R(S_i)$	先行集 $A(S_i)$	共同集 $C(S_i)$
S_1	S_1, S_8	S_1	S_1
S_2	S_2, S_8	S_2	S_2
S_3	S_3, S_7, S_8	S_3	S_3
S_4	S_4, S_5, S_7, S_8	S_4	S_4
S_5	S_5, S_7, S_8	S_4, S_5	S_5
S_6	S_6, S_7, S_8	S_6	S_6
S_7	S_7, S_8	S_3, S_4, S_5, S_6, S_7	S_7
S_8	S_8	S_1, S_2, S_3, S_4, S_5, S_6, S_7, S_8	S_8

根据表 6-22 的结果对可达矩阵进行重排序并对矩阵进行区域划分，可以得到层次化的可达矩阵。如表 6-23 所示。

表 6-23　分层可达矩阵

	S_8	S_1	S_2	S_7	S_3	S_6	S_5	S_4
S_8	1	0	0	0	0	0	0	0
S_1	1	1	0	0	0	0	0	0
S_2	1	0	1	0	0	0	0	0
S_7	1	0	0	1	0	0	0	0
S_3	1	0	0	1	1	0	0	0
S_6	1	0	0	1	0	1	0	0
S_5	1	0	0	1	0	0	1	0
S_4	1	0	0	1	0	0	1	1

4. 划分等级

根据上表可以看出，矩阵被分做了四个区域，每一个区域代表一个递阶结构层次，即影响工程量的因素可以分为四个层次，第一层为 S_8，第二层为 S_1、S_2 和 S_7，第三层为 S_3、S_5 和 S_6，第四层为 S_4。

根据分层与要素的对应关系和解释结构模型强调的是要素之间的直接关系，对于跨级间的联系，如果有邻级间的有向线段可以代替，就可以省略该有向线段，如业主的重视程度同时可达可行性研究报告的编制周期、可行性研究报告编制深度和可行性研究报告的质量，而可由可行性研究的编制周期可达可行性研究报告编制深度，这样就可以省略业主的重视程度到可行性研究报告编制深度的有向线段。可得到工程量影响因素的解释结构模型图，如图 6-10 所示。

5. 模型分析

从城市地下综合管廊工程项目工程量估算准确性影响因素的解释结构模型图（图 6-10）可以看出，利用解释结构模型进行城市地下综合管廊工程项目工程量估算准确性影响因素的分析有助于把城市地下综合管廊工程项目工程量估算准确性影响因素间的复杂关系层次化和条理化。城市地下综合管廊工程项目工程量估算准确性影响因素解释结构模型的分析结果说明：

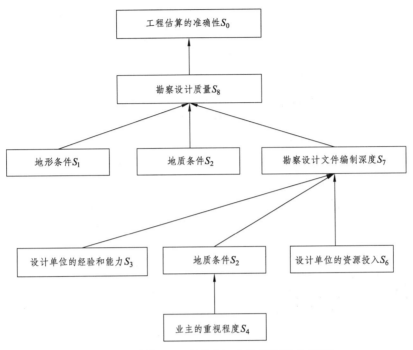

图 6-10　实体工程量影响因素的解释结构模型

（1）在这些影响因素中，对城市地下综合管廊工程项目工程量估算准确性最直接最基本的影响因素是可行性研究报告的质量，这个影响因素是城市地下综合管廊工程项目工程量的内因，它受到下一级因素的影响，其他的影响因素都是通过它才能够影响城市地下综合管廊工程项目工程量估算的准确性。因此，要从提高可行性研究报告的质量的角度来降低城市地下综合管廊工程项目工程量才是解决城市地下综合管廊工程项目不确定性的最根本途径。

（2）影响城市地下综合管廊工程项目工程量的中间因素是勘察设计单位的经验和能力、勘察设计周期、勘察设计单位的资源投入、项目的地形条件、项目的地质条件、勘察设计文件编制深度。勘察设计单位的经验和能力、勘察设计周期、勘察设计单位的资源投入通过勘察设计文件究的编制深度这个因素来影响勘察设计质量。

（3）城市地下综合管廊工程项目工程量的深层次影响因素包括业主的重视程度，它是决定城市地下综合管廊工程项目工程量估算准确性的主观因素。业主作为城市地下综合管廊工程项目的主导方对项目重视程度决定着其他参与方的投入量。

6.2.6　征地拆迁费用影响因素系统结构分析

影响征地拆迁费用的主客观因素主要包括：政府的效率、业主的行政资源、业主在当地的关系资源、当地民风、当地的土地补充标准、征地的顺利程度等六个要素。

将上述的影响征地拆迁费用的 6 个影响因素即政府的效率、业主的行政资源、业主在当地的关系资源、当地民风、当地的土地补充标准、征地的顺利程度，按照顺序分别将其命名为 S_1，S_2，S_3，S_4，S_5，S_6。具体步骤如下：

1. 生成邻接矩阵 M

研究邀请了施工管理领域的 9 位专家分别对各成本影响因要素进行两两比较，判断每一个要素对参考要素的直接影响。根据专家们的知识经验，讨论确定因素来源体之间直接或递推的二元关系，经过对专家的访谈，深入分析 6 个影响因素之间的关系，得到专家评判的综合结果。建立各因素间的关系如表 6-24 所示。

表 6-24　征地拆迁费用影响因素

因素 S_i	直接影响因素
征地拆迁费用 S_0	
业主的行政资源 S_1	S_2
政府的效率 S_2	S_6
业主在当地的关系资源 S_3	S_6
当地民风 S_4	S_6
当地的土地补充标准 S_5	S_0
征地的顺利程度 S_6	S_0

根据表中确定的关系用邻接矩阵 A 表示。如下式所示：

$$A = \begin{bmatrix} 0 & 1 & 0 & 0 & 0 & 0 \\ 0 & 0 & 0 & 0 & 0 & 1 \\ 0 & 0 & 0 & 0 & 0 & 1 \\ 0 & 0 & 0 & 0 & 0 & 1 \\ 0 & 0 & 0 & 0 & 0 & 0 \\ 0 & 0 & 0 & 0 & 0 & 0 \end{bmatrix}$$

2. 构建可达矩阵

根据邻接矩阵 A，求得 A 加单位矩阵 I，再通过布尔运算法则，运用 Matlab 计算软件，对 $A+I$ 进行幂运算，使得 $(A+I)^{k-1} \neq (A+I)^k = (A+I)^{k+1}$，此时得到的 $M = (A+I)^k$ 即为可达矩阵。

$$M = \begin{bmatrix} 1 & 1 & 0 & 0 & 0 & 0 \\ 0 & 1 & 0 & 0 & 0 & 1 \\ 0 & 0 & 1 & 0 & 0 & 1 \\ 0 & 0 & 0 & 1 & 0 & 1 \\ 0 & 0 & 0 & 0 & 1 & 0 \\ 0 & 0 & 0 & 0 & 0 & 1 \end{bmatrix}$$

3. 划分区域

可达矩阵 M 的可达集 $R(S_i)$、先行集 $A(S_i)$、共同集 $C(S_i)$，如下表所示。

表 6-24　工程量要素集

S_i	可达集 $R(S_i)$	先行集 $A(S_i)$	共同集 $C(S_i)$
S_1	S_1，S_2	S_1	S_1
S_2	S_2，S_6	S_1，S_2	S_2
S_3	S_3，S_6	S_3	S_3
S_4	S_4，S_6	S_4	S_4
S_5	S_5	S_5	S_5
S_6	S_6	S_2，S_3，S_4，S_6	S_6

根据表 6-24 的结果对可达矩阵进行重排序并对矩阵进行区域划分，可以得到层次化的可达矩阵。如表 6-25 所示。

表 6-25　分层可达矩阵

	S_5	S_2	S_4	S_3	S_6	S_1
S_5	1	0	0	0	0	0
S_2	0	1	0	0	0	0
S_4	0	0	1	0	0	0
S_3	0	0	0	1	0	0
S_6	0	0	0	1	1	0
S_1	0	0	0	1	0	1

4. 划分等级

根据表 6-25 可以看出，矩阵被分做了四个区域，每一个区域代表一个递阶结构层次，即影响工程量的因素可以分为四个层次，第一层为 S_1，第二层为 S_2、S_3 和 S_4，第三层为 S_5、S_6，第四层为 S_0。

根据分层与要素的对应关系和解释结构模型强调的是要素之间的直接关系，对于跨级间的联系，如果有邻级间的有向线段可以代替，就可以省略该有向线段。可得到征地拆迁费用的解释结构模型图，如图 6-11 所示。

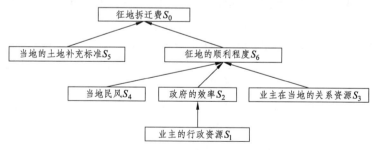

图 6-11　征地拆迁费用解释结构模型图

5. 模型分析

从城市地下综合管廊工程项目征地拆迁费用影响因素的解释结构模

型图（图 6-11）可以看出，利用解释结构模型进行城市地下综合管廊工程征地拆迁费用的分析有助于把城市地下综合管廊工程征地拆迁费用影响因素间的复杂关系层次化和条理化。城市地下综合管廊工程征地拆迁费用影响因素解释结构模型的分析结果说明：

（1）在这些影响因素中，对城市地下综合管廊工程征地拆迁费用最直接最基本的影响因素是征地拆迁的顺利程度以及当地的土地补偿标准。

（2）影响城市地下综合管廊工程征地拆迁费用的中间因素是当地民风、政府的办事效率、业主在当地的关系资源。中间因素通过直接因素影响征地拆迁费用。

6.2.7 工器具购置费用影响因素系统结构分析

工器具购置费用的因素有经济增长速度、通货膨胀率、供应商间的竞争激烈程度、运输费率、基础设施投资政策、新开工项目、生产成本、工器具需求量等。影响机械单价的需求因素与材料单价的相同，解释分析不再累述。供应市场中机械供应商的数量、机械供应产能、机械生产成本都会对机械的价格产生影响。

将上述的影响机械单价的 8 个影响因素即经济增长速度、通货膨胀率、供应商间的竞争激烈程度、运输费率、基础设施投资政策、新开工项目、生产成本、工器具需求量，按照顺序分别将其命名为 S_1，S_2，S_3，S_4，S_5，S_6，S_7，S_8。具体步骤如下：

1. 生成邻接矩阵 M

研究邀请了施工管理领域的 9 位专家分别对各成本影响因要素进行两两比较，判断每一个要素对参考要素的直接影响。根据专家们的知识经验，讨论确定因素来源体之间直接或递推的二元关系，经过对专家的访谈，深入分析 8 个影响因素之间的关系，得到专家评判的综合结果。建立各因素间的关系如表 6-26 所示。

表 6-26 工器具购置费影响因素

因素 S_i	直接影响因素
工器具购置费用 S_0	
基础设施投资政策 S_1	S_2
新开工项目 S_2	S_6
经济增长速度 S_3	S_4
通货膨胀率 S_4	S_7
运输费率 S_5	S_0
工器具需求量 S_6	S_0
生产成本 S_7	S_0
供应商间的竞争激烈程度 S_8	S_0

根据表中确定的关系用邻接矩阵 A 表示。邻接矩阵 A 的构造规则如下：

（1）S_i 对 S_j 有直接影响，记为 1，否则为 0。

（2）S_j 对 S_i 有直接影响，记为 1，否则为 0。

$$A=\begin{array}{c}\begin{array}{cccccccc} S_1 & S_2 & S_3 & S_4 & S_5 & S_6 & S_7 & S_8 \end{array}\\ \begin{array}{c} S_1 \\ S_2 \\ S_3 \\ S_4 \\ S_5 \\ S_6 \\ S_7 \\ S_8 \end{array} \begin{bmatrix} 0 & 1 & 0 & 0 & 0 & 0 & 0 & 0 \\ 0 & 0 & 0 & 0 & 0 & 1 & 0 & 0 \\ 0 & 0 & 0 & 1 & 0 & 0 & 0 & 0 \\ 0 & 0 & 0 & 0 & 0 & 0 & 1 & 0 \\ 0 & 0 & 0 & 0 & 0 & 0 & 0 & 0 \\ 0 & 0 & 0 & 0 & 0 & 0 & 0 & 0 \\ 0 & 0 & 0 & 0 & 0 & 0 & 0 & 0 \\ 0 & 0 & 0 & 0 & 0 & 0 & 0 & 0 \end{bmatrix} \end{array}$$

2. 构建可达矩阵

根据邻接矩阵 A，求得 A 加单位矩阵 I，再通过布尔运算法则，运用 Matlab 计算软件，对 $A+I$ 进行幂运算，使得 $(A+I)^{k-1} \neq (A+I)^k = (A+I)^{k+1}$，此时得到的 $M=(A+I)^k$ 即为可达矩阵。

$$\mathbf{M}=\begin{array}{c} \\ S_1 \\ S_2 \\ S_3 \\ S_4 \\ S_5 \\ S_6 \\ S_7 \\ S_8 \end{array}\begin{array}{cccccccc} S_1 & S_2 & S_3 & S_4 & S_5 & S_6 & S_7 & S_8 \\ \left[\begin{array}{cccccccc} 1 & 1 & 0 & 0 & 0 & 0 & 0 & 0 \\ 0 & 1 & 0 & 0 & 0 & 1 & 0 & 0 \\ 0 & 0 & 1 & 1 & 0 & 0 & 0 & 0 \\ 0 & 0 & 0 & 1 & 0 & 0 & 1 & 0 \\ 0 & 0 & 0 & 0 & 1 & 0 & 0 & 0 \\ 0 & 0 & 0 & 0 & 0 & 1 & 0 & 0 \\ 0 & 0 & 0 & 0 & 0 & 0 & 1 & 0 \\ 0 & 0 & 0 & 0 & 0 & 0 & 0 & 1 \end{array}\right] \end{array}$$

3. 划分区域

可达矩阵 $\mathbf{M}$ 的可达集 $R(S_i)$、先行集 $A(S_i)$、共同集 $C(S_i)$，如下表所示。

表 6-27 工器具购置费要素集

S_i	可达集 $R(S_i)$	先行集 $A(S_i)$	共同集 $C(S_i)$
S_1	S_1，S_2	S_1	S_1
S_2	S_2，S_6	S_1，S_2	S_2
S_3	S_3，S_4	S_3	S_3
S_4	S_4，S_7	S_3，S_4	S_4
S_5	S_5	S_5	S_5
S_6	S_6	S_2，S_6	S_6
S_7	S_7	S_4，S_7	S_7
S_8	S_8	S_8	S_8

根据表 6-27 的结果对可达矩阵进行重排序并对矩阵进行区域划分，可以得到层次化的可达矩阵。如表 6-28 所示。

表 6-28 分层可达矩阵

	S_5	S_1	S_2	S_6	S_3	S_4	S_7	S_8
S_5	1	0	0	0	0	0	0	0
S_1	0	1	0	0	0	0	0	0
S_2	0	0	1	0	0	0	0	0
S_6	0	1	0	1	0	0	0	0

	S_5	S_1	S_2	S_6	S_3	S_4	S_7	S_8
S_3	1	0	0	0	1	0	0	0
S_4	0	0	1	0	0	1	0	0
S_7	0	0	1	0	0	1	1	0
S_8	0	0	1	0	0	1	0	1

4. 划分等级

根据表 6-28 可以看出，矩阵被分成四个区域，每一个区域代表一个递阶结构层次，即影响机械单机的因素可以分为四个层次，第一层为 S_1、S_3，第二层为 S_2、S_4，第三层为 S_5、S_6、S_7 和 S_8，第四层为 S_0。

根据分层与要素的对应关系可得到工器具购置费影响因素的解释结构模型图，如图 6-12 所示。

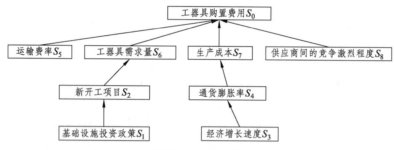

图 6-12　工器具购置费解释结构模型图

5. 模型分析

从城市地下综合管廊工程工器具购置费影响因素的解释结构模型图（图 6-12）可以看出，利用解释结构模型进行城市地下综合管廊工程项目工器具购置费影响因素的分析有助于把城市地下综合管廊工程项目工器具购置费影响因素间的复杂关系层次化和条理化。城市地下综合管廊工程项目工器具购置费影响因素解释结构模型的分析结果说明：

（1）在这些影响因素中，对城市地下综合管廊工程项目工器具购置费最直接最基本的影响因素是运输费率、工器具需求量、生产成本、供应商之间的竞争激烈程度，这些影响因素是城市地下综合管廊工程项目工器具购置费的内因，它受到下一级因素的影响，其他的影响因素都是通过它才能够影响城市地下综合管廊工程项目工器具购置费。

（2）影响城市地下综合管廊工程项目工器具购置费的中间因素是通货膨胀、新开工项目。中间因素通过直接因素影响机械单价。

（3）城市地下综合管廊工程项目工程量的深层次影响因素包括基础设施投资政策、经济增长速率等，它是决定城市地下综合管廊工程项目工器具购置费的客观因素，间接对工器具的需求量以及生产成本产生影响。

6.3 基于 DEMATEL 的工程造价关键影响因素分析

6.3.1 DEMATEL 的基本原理与步骤

DEMATEL （Decision Making Trial and Evaluation Laboratory），直译为决策试验与评价实验室。DEMATEL 是由美国学者提出的一种运用图论与矩阵工具进行系统因素分析的方法，该方法主要使用图论理论，以构造图的矩阵演算为中心而进行，通过系统中各因素之间的逻辑关系与直接影响矩阵，可以计算每个因素对其他因素的影响程度以及被影响度，从而计算出每个因素的中心度与原因度，揭示出问题的重要影响因素以及内部构造

基于 DEMATEL 方法的影响因素分析模型建模基本步骤如下：

（1）确定影响因素：根据分析对象的相关信息，建立初步的指标体系，将指标体系中的每一个因素作为直接或间接影响指标属性的因素。

（2）设定要素之间相互影响的标度，通过专家打分法确定不同要素之间的直接影响程度，并建立直接影响矩阵[9] X 。

$$X = \begin{bmatrix} 0 & x_{12} & \cdots & x_{1n} \\ x_{21} & 0 & \cdots & x_{2n} \\ \cdots & \cdots & 0 & \cdots \\ x_{n1} & x_{n2} & \cdots & 0 \end{bmatrix} \tag{6-1}$$

式（6-1）中 x_{ij} 表示因素 i 对 j 的直接影响度，当 $i=j$ 时， $x_{ij}=0$ 。

通过规范化直接影响矩阵得到规范化直接影响矩阵 $G(G=[G_{ij}]_{n \times n})$ ，

其中：

$$G = \frac{1}{\max\limits_{1 \leqslant i \leqslant n} \sum\limits_{j=1}^{n} x_{ij}} X \qquad （6\text{-}2）$$

（3）计算综合影响矩阵 $T(T=[t_{ij}]_{n \times n})$，初始化直接影响矩阵乘以 S 得出正规化直接影响矩阵 G，并通过 $T = G + G_2 + G_3 + \cdots + G_N = G(E-G)-1$ 得到综合影响矩阵 T。

$$T = G^1 + G^2 + \cdots + G^n \qquad （6\text{-}3）$$

当 n 足够大时，可用 $G(I-G)^{-1}$ 近似计算综合矩阵 T，其中 I 为单位矩阵。

（4）计算各要素的影响度、被影响度、中心度、原因度，在笛卡尔坐标上绘制各要素间的相互作用关系。综合影响矩阵 T 的各行元素相加得出各行对应元素对所有其他元素的综合影响值称为影响度（TR）；综合影响矩阵 T 的各列元素相加得出各列对应元素受到所有其他元素的综合影响值称为被影响度（TC）。因此元素 A_1 的中心度 M_1=TR$_1$+TC$_1$，表明该元素在评价体系中的位置以及所起的作用大小，另外元素 A_1 的原因度 R_1=TR$_1$-TC$_1$，如果 $R_1 > 0$，该元素对其他元素影响大，称之为原因因素，反之，$R_1 < 0$，该元素受其他因素影响大，称之为结果因素。

影响度 f_i 的计算：$f_i = \sum\limits_{j=1}^{n} t_{ij}, (i = 1, \cdots, n)$ \qquad （6-4）

被影响度 e_i 的计算：$e_i = \sum\limits_{j=1}^{n} t_{ij}, (i = 1, \cdots, n)$ \qquad （6-5）

中心度 m_i 的计算：$m_i = f_i + e_i$ \qquad （6-6）

原因度 n_i 的计算：$n_i = f_i - e_i$ \qquad （6-7）

（5）以因素的中心度和原因度做笛卡尔坐标系，标出各因素在坐标系上的位置，分析各个因素的重要性，针对实际系统提出建议。

6.3.2 人机料单价关键影响因素研究

1. 人工费单价关键影响因素研究

根据之前的分析,本研究共确定了 11 个影响人工费单价的影响要素,为建立要素间的直接影响矩阵，从 18 位建筑工程造价管理领域的专业人士进行了问卷调查，通过在线问卷的方式，按照 1～5 级标度对各要素之间的直接影响关系进行打分，回收有效问卷 18 份，对有效问卷进行分析并取出出现频率最高的数作为对应因素的直接关联程度，建立了各因素间的直接影响矩阵 X 如表 6-29。

表 6-29　各因素间的直接影响矩阵 X

	S_1	S_2	S_3	S_4	S_5	S_6	S_7	S_8	S_9	S_{10}	S_{11}
S_1	0	0	0	0	0	0	5	0	0	0	2
S_2	0	0	0	0	0	0	5	0	0	0	
S_3	0	0	0	0	0	0	0	0	5	0	0
S_4	0	0	0	0	0	0	0	0	2	0	0
S_5	0	0	0	0	0	0	0	0	0	4	0
S_6	0	0	0	0	0	0	0	3	0	0	0
S_7	0	0	0	0	0	0	0	3	0	0	0
S_8	0	0	0	0	0	0	0	0	0	0	0
S_9	0	0	0	0	0	0	0	0	0	0	0
S_{10}	0	0	0	0	0	0	0	0	0	0	0
S_{11}	0	0	0	0	0	0	0	0	0	0	0

通过规范化直接影响矩阵得到规范化直接影响矩阵 G 如表 6-30。

表 6-30　规范化直接影响矩阵 G

	S_1	S_2	S_3	S_4	S_5	S_6	S_7	S_8	S_9	S_{10}	S_{11}
S_1	0	0	0	0	0	0	0.5	0	0	0	0.2
S_2	0	0	0	0	0	0	0.5	0	0	0	0
S_3	0	0	0	0	0	0	0	0	0.5	0	0
S_4	0	0	0	0	0	0	0	0	0.2	0	0
S_5	0	0	0	0	0	0	0	0	0	0.4	0
S_6	0	0	0	0	0	0	0	0.3	0	0	0
S_7	0	0	0	0	0	0	0	0.3	0	0	0
S_8	0	0	0	0	0	0	0	0	0	0	0

	S_1	S_2	S_3	S_4	S_5	S_6	S_7	S_8	S_9	S_{10}	S_{11}
S_9	0	0	0	0	0	0	0	0	0	0	0
S_{10}	0	0	0	0	0	0	0	0	0	0	0
S_{11}	0	0	0	0	0	0	0	0	0	0	0

初始化直接影响矩阵乘以 X 得出正规化直接影响矩阵 G，并通过 $T = G + G_2 + G_3 + \cdots\cdots + G_N = G(E-G)^{-1}$ 得到综合影响矩阵 T 如表 6-31。

表 6-31　综合影响矩阵 T

	S_1	S_2	S_3	S_4	S_5	S_6	S_7	S_8	S_9	S_{10}	S_{11}
S_1	0	0	0	0	0	0	0.5	0.15	0	0	0.2
S_2	0	0	0	0	0	0	0.5	0.15	0	0	0
S_3	0	0	0	0	0	0	0	0	0.5	0	0
S_4	0	0	0	0	0	0	0	0	0.2	0	0
S_5	0	0	0	0	0	0	0	0	0	0.4	0
S_6	0	0	0	0	0	0	0	0.3	0	0	0
S_7	0	0	0	0	0	0	0	0.3	0	0	0
S_8	0	0	0	0	0	0	0	0	0	0	0
S_9	0	0	0	0	0	0	0	0	0	0	0
S_{10}	0	0	0	0	0	0	0	0	0	0	0
S_{11}	0	0	0	0	0	0	0	0	0	0	0

在综合影响矩阵的基础上求得各因素的影响度、被影响度、中心度、原因度分别如表 6-32。

表 6-32　各因素的影响度、被影响度、中心度、原因度

因素 S_i	影响度	被影响度	中心度	原因度
经济增长速度 S_1	0.85	0	0.85	0.85
通货膨胀率 S_2	0.65	0	0.65	0.65
适龄人口数量 S_3	0.5	0	0.5	0.5
大学入学率 S_4	0.2	0	0.2	0.2

因素 S_i	影响度	被影响度	中心度	原因度
新开工项目 S_5	0.4	0	0.4	0.4
分配公平度 S_6	0.3	0	0.3	0.3
人均 GDP S_7	0.3	1	1.3	-0.7
社会平均工资水平 S_8	0	0.9	0.9	-0.9
适龄工人数量 S_9	0	0.7	0.7	-0.7
建筑业对工人需求量 S_{10}	0	0.4	0.4	-0.4
其他行业对工人需求量 S_{11}	0	0.2	0.2	-0.2

根据上述结果可知：导致人工费价格上涨的各因素中，原因度较高的因素包括：经济增长速度以及通货膨胀速度，由此可见，经济的高速增长以及快速的通货膨胀是导致人工费单价迅速上涨的主要原因。而人均 GDP 以及社会平均工资水平这两个要素的中心度最高，由此可见人均 GDP 以及社会平均工资水平这两个要素在人工费上涨的过程中发挥了十分重要的作用。

根据上述分析，可以得出如下结论：当社会经济快速增长时，人工费价格上涨是不可避免的，而通货膨胀会加快人工费上涨的速度。

2. 材料费单价关键影响因素研究

根据之前分析，本研究共确定了 9 个影响材料费单价的影响要素，为建立要素间的直接影响矩阵，从 18 位建筑工程造价管理领域的专业人士进行了问卷调查，通过在线问卷的方式，按照 1~5 级标度对各要素之间的直接影响关系进行打分，回收有效问卷 18 份，对有效问卷进行分析并取出现频率最高的数作为对应因素的直接关联程度，建立了各因素间的直接影响矩阵 X 如表 6-33。

表 6-33　各因素间的直接影响矩阵 X

	S_1	S_2	S_3	S_4	S_5	S_6	S_7	S_8	S_9
S_1	0	0	0	0	0	0	0	5	0
S_2	0	0	0	0	0	3	0	0	0

	S_1	S_2	S_3	S_4	S_5	S_6	S_7	S_8	S_9
S_3	0	0	0	0	0	4	0	0	0
S_4	0	0	0	0	0	1	0	0	0
S_5	0	0	0	0	0	0	5	0	0
S_6	0	0	0	0	0	0	0	0	5
S_7	0	0	0	0	0	0	0	0	0
S_8	0	0	0	0	0	0	0	0	0
S_9	0	0	0	0	0	0	0	0	0

通过规范化直接影响矩阵得到规范化直接影响矩阵 G 如表 6-34。

表 6-34　规范化直接影响矩阵 G

0	0	0	0	0	0	0	0.625	0
0	0	0	0	0	0.375	0	0	0
0	0	0	0	0	0.5	0	0	0
0	0	0	0	0	0.125	0	0	0
0	0	0	0	0	0	0.625	0	0
0	0	0	0	0	0	0	0	0.625
0	0	0	0	0	0	0	0	0
0	0	0	0	0	0	0	0	0
0	0	0	0	0	0	0	0	0

初始化直接影响矩阵乘以 X 得出正规化直接影响矩阵 G，并通过 $T = G + G_2 + G_3 + \cdots\cdots + G_N = G(E-G)-1$ 得到综合影响矩阵 T 如表 6-35。

表 6-35　综合影响矩阵 T

	S_1	S_2	S_3	S_4	S_5	S_6	S_7	S_8	S_9
S_1	0	0	0	0	0	0	0	0.625	0
S_2	0	0	0	0	0	0.375	0	0	0.234 375
S_3	0	0	0	0	0	0.5	0	0	0.312 5
S_4	0	0	0	0	0	0.125	0	0	0.078 125

	S_1	S_2	S_3	S_4	S_5	S_6	S_7	S_8	S_9
S_5	0	0	0	0	0	0	0.625	0	0
S_6	0	0	0	0	0	0	0	0	0.625
S_7	0	0	0	0	0	0	0	0	0
S_8	0	0	0	0	0	0	0	0	0
S_9	0	0	0	0	0	0	0	0	0

在综合影响矩阵的基础上求得各因素的影响度、被影响度、中心度、原因度分别如表 6-36。

表 6-36　各因素的影响度、被影响度、中心度、原因度

因素 S_i	影响度	被影响度	中心度	原因度
材料供应商的数量 S_1	0.625	0	0.85	0.625
城镇化速度 S_2	0.61	0	0.61	0.61
基础设施投资政策 S_3	0.81	0	0.81	0.81
经济景气指数 S_4	0.2	0	0.2	0.2
通货膨胀率 S_5	0.63	0	0.63	0.63
新开工项目 S_6	0.63	1	1.63	-0.37
材料生产成本 S_7	0	0.63	0.63	-0.63
材料供应产能 S_8	0	0.63	0.63	-0.63
材料需求量 S_9	0	1.25	1.25	-1.25

根据上述结果可知：导致材料费价格上涨的各因素中，原因度较高的因素包括：基础设施投资政策、材料供应商数量的变化、通货膨胀率。由此可见，基础设施投资的快速增长是导致材料费单价迅速上涨的主要原因，而材料供应商的集中与垄断以及通货膨胀同样也加剧了材料单价的快速上涨。而新开工项目的数量以及材料需求量的变化这两个要素的中心度最高，由此可见新开工项目的数量迅速增加以及项目对材料的需求量不断增加这两个要素在材料费上涨的过程中发挥了十分重要的作用。

根据上述分析，可以得出如下结论：当基础设施投资额快速增长时，

材料费价格上涨是不可避免的，而通货膨胀以及材料供应商的集中垄断会加快材料费上涨的速度。

3. 机械台班费单价关键影响因素研究

根据前文的分析，本研究共确定了 9 个影响机械台班费单价的影响要素，为建立要素间的直接影响矩阵，从 18 位建筑工程造价管理领域的专业人士进行了问卷调查，通过在线问卷的方式，按照 1~5 级标度对各要素之间的直接影响关系进行打分，回收有效问卷 18 份，对有效问卷进行分析并取出现频率最高的数作为对应因素的直接关联程度，建立了各因素间的直接影响矩阵 X 如表 6-37。

表 6-37 各因素间的直接影响矩阵 X

	S_1	S_2	S_3	S_4	S_5	S_6	S_7	S_8	S_9
S_1	0	0	0	0	0	0	0	5	0
S_2	0	0	0	0	0	3	0	0	0
S_3	0	0	0	0	0	4	0	0	0
S_4	0	0	0	0	0	1	0	0	0
S_5	0	0	0	0	0	0	5	0	0
S_6	0	0	0	0	0	0	0	0	5
S_7	0	0	0	0	0	0	0	0	0
S_8	0	0	0	0	0	0	0	0	0
S_9	0	0	0	0	0	0	0	0	0

通过规范化直接影响矩阵得到规范化直接影响矩阵 G 如表 6-38。

表 6-38 规范化直接影响矩阵 G

0	0	0	0	0	0	0	0.625	0
0	0	0	0	0	0.375	0	0	0
0	0	0	0	0	0.5	0	0	0
0	0	0	0	0	0.125	0	0	0
0	0	0	0	0	0	0.625	0	0
0	0	0	0	0	0	0	0	0.625

0	0	0	0	0	0	0	0	0
0	0	0	0	0	0	0	0	0
0	0	0	0	0	0	0	0	0

初始化直接影响矩阵乘以 X 得出正规化直接影响矩阵 G ，并通过 $T = G + G_2 + G_3 + \cdots + G_N = G(E-G)^{-1}$ 得到综合影响矩阵 T 如表 6-39。

表 6-39 综合影响矩阵 T

	S_1	S_2	S_3	S_4	S_5	S_6	S_7	S_8	S_9
S_1	0	0	0	0	0	0	0	0.625	0
S_2	0	0	0	0	0	0.375	0	0	0.234 375
S_3	0	0	0	0	0	0.5	0	0	0.312 5
S_4	0	0	0	0	0	0.125	0	0	0.078 125
S_5	0	0	0	0	0	0	0.625	0	0
S_6	0	0	0	0	0	0	0	0	0.625
S_7	0	0	0	0	0	0	0	0	0
S_8	0	0	0	0	0	0	0	0	0
S_9	0	0	0	0	0	0	0	0	0

在综合影响矩阵的基础上求得各因素的影响度、被影响度、中心度、原因度分别如表 6-40。

表 6-40 各因素的影响度、被影响度、中心度、原因度

因素 S_i	影响度	被影响度	中心度	原因度
机械供应商的数量 S_1	0.625	0	0.85	0.625
城镇化速度 S_2	0.61	0	0.61	0.61
基础设施投资政策 S_3	0.81	0	0.81	0.81
经济景气指数 S_4	0.2	0	0.2	0.2
通货膨胀率 S_5	0.63	0	0.63	0.63
新开工项目 S_6	0.63	1	1.63	-0.37
机械生产成本 S_7	0	0.63	0.63	-0.63
机械供应产能 S_8	0	0.63	0.63	-0.63
机械需求量 S_9	0	1.25	1.25	-1.25

根据上述结果可知：导致机械台班费价格上涨的各因素中，原因度较高的因素包括：基础设施投资政策、机械供应商数量的变化、通货膨胀率。由此可见，基础设施投资的快速增长是导致机械台班费单价迅速上涨的主要原因，而机械供应商的集中与垄断以及通货膨胀同样也加剧了机械台班单价的快速上涨。而新开工项目的数量以及机械需求量的变化这两个要素的中心度最高，由此可见新开工项目的数量迅速增加以及项目对机械台班的需求量不断增加这两个要素在机械台班费上涨的过程中发挥了十分重要的作用。

根据上述分析，可以得出如下结论：当基础设施投资额快速增长时，机械台班费价格上涨是不可避免的，而通货膨胀以及机械供应商的集中垄断会加快机械台班费上涨的速度。

6.3.3　人机料消耗量关键影响因素研究

根据上述分析，本研究共确定了 8 个影响人机料消耗量的影响要素，为建立要素间的直接影响矩阵，从 18 位建筑工程造价管理领域的专业人士进行了问卷调查，通过在线问卷的方式，按照 1-5 级标度对各要素之间的直接影响关系进行打分，回收有效问卷 18 份，对有效问卷进行分析并取出现频率最高的数作为对应因素的直接关联程度，建立了各因素间的直接影响矩阵 X 如表 6-41。

表 6-41　各因素间的直接影响矩阵 X

	S_1	S_2	S_3	S_4	S_5	S_6	S_7	S_8
S_1	0	4	3	0	0	0	0	0
S_2	0	0	0	5	0	0	0	0
S_3	0	0	0	0	4	3	1	1
S_4	0	0	0	0	0	0	0	0
S_5	0	0	0	0	0	0	0	0
S_6	0	0	0	0	0	0	0	0
S_7	0	0	0	0	0	0	0	0
S_8	0	0	0	0	0	0	0	0

通过规范化直接影响矩阵得到规范化直接影响矩阵 **G** 如表 6-42。

表 6-42　规范化直接影响矩阵 **G**

0	0.44444	0.3333	0	0	0	0	0
0	0	0	0.556	0	0	0	0
0	0	0	0	0.4444	0.3333	0.111	0.1111
0	0	0	0	0	0	0	0
0	0	0	0	0	0	0	0
0	0	0	0	0	0	0	0
0	0	0	0	0	0	0	0
0	0	0	0	0	0	0	0

初始化直接影响矩阵乘以 **X** 得出正规化直接影响矩阵 **G**，并通过 $T = G + G_2 + G_3 + \cdots\cdots + G_N = G(E-G)-1$ 得到综合影响矩阵 **T** 如表 6-43。

表 6-43　综合影响矩阵 **T**

	S_1	S_2	S_3	S_4	S_5	S_6	S_7	S_8
S_1	0	0.44444	0.3333	0.247	0.1481	0.1111	0.037	0.037
S_2	0	0	0	0.556	0	0	0	0
S_3	0	0	0	0	0.4444	0.3333	0.111	0.1111
S_4	0	0	0	0	0	0	0	0
S_5	0	0	0	0	0	0	0	0
S_6	0	0	0	0	0	0	0	0
S_7	0	0	0	0	0	0	0	0
S_8	0	0	0	0	0	0	0	0

在综合影响矩阵的基础上求得各因素的影响度、被影响度、中心度、原因度分别如表 6-44。

表 6-44　各因素的影响度、被影响度、中心度、原因度

因素 S_i	影响度	被影响度	中心度	原因度
业主的管理水平 S_1	1.36	0	1.36	1.36
设计标准变化 S_2	0.56	0.44	1	0.12

因素 S_i	影响度	被影响度	中心度	原因度
勘察设计质量 S_3	1	0.33	1.33	0.67
工程技术标准 S_4	0	0.8	0.8	-0.8
地质条件 S_5	0	0.6	0.6	-0.6
地形条件 S_6	0	0.44	0.44	-0.44
气候条件 S_7	0	0.15	0.15	-0.15
运输条件 S_8	0	0.15	0.15	-0.15

根据上述结果可知：导致人机料消耗量变化的各因素中，原因度较高的因素包括：业主的管理水平以及勘察设计质量，与此同时这两个要素的中心度也是最高的。由此可见，业主的管理水平不足以及勘察设计质量不高是导致人机料消耗偏高的主要原因。因此，要降低工程建设过程中的无效消耗，主要应从提高业主的管理水平以及勘察设计质量入手开展工作。

6.3.4 实体工程量关键影响因素研究

根据前一节的分析，本研究共确定了 8 个影响实体工程量变化的影响要素，为建立要素间的直接影响矩阵，从 18 位建筑工程造价管理领域的专业人士进行了问卷调查，通过在线问卷的方式，按照 1~5 级标度对各要素之间的直接影响关系进行打分，回收有效问卷 18 份，对有效问卷进行分析并取出现频率最高的数作为对应因素的直接关联程度，建立了各因素间的直接影响矩阵 X 如表 6-45。

表 6-45　各因素间的直接影响矩阵 X

	S_1	S_2	S_3	S_4	S_5	S_6	S_7	S_8
S_1	0	0	0	0	0	0	0	4
S_2	0	0	0	0	0	0	0	2
S_3	0	0	0	0	0	0	4	0
S_4	0	0	0	0	2	3	3	3

	S_1	S_2	S_3	S_4	S_5	S_6	S_7	S_8
S_5	0	0	0	0	0	0	4	2
S_6	0	0	0	0	0	0	5	0
S_7	0	0	0	0	0	0	0	5
S_8	0	0	0	0	0	0	0	0

通过规范化直接影响矩阵得到规范化直接影响矩阵 G 如表 6-46。

表 6-46 规范化直接影响矩阵 G

0	0	0	0	0	0	0	0.25
0	0	0	0	0	0	0	0.125
0	0	0	0	0	0	0.25	0
0	0	0	0	0.125	0.187 5	0.187 5	0.187 5
0	0	0	0	0	0	0.25	0.125
0	0	0	0	0	0	0.312 5	0
0	0	0	0	0	0	0	0.312 5
0	0	0	0	0	0	0	0

初始化直接影响矩阵乘以 X 得出正规化直接影响矩阵 G，并通过 $T=G+G_2+G_3+\cdots\cdots+G_N=G(E-G)-1$ 得到综合影响矩阵 T 如表 6-47。

表 6-47 综合影响矩阵 T

	S_1	S_2	S_3	S_4	S_5	S_6	S_7	S_8
S_1	0	0	0	0	0	0	0	0.25
S_2	0	0	0	0	0	0	0	0.125
S_3	0	0	0	0	0	0	0.25	0.078 125
S_4	0	0	0	0	0.125	0.187 5	0.277 343 75	0.289 794 922
S_5	0	0	0	0	0	0	0.25	0.203 125
S_6	0	0	0	0	0	0	0.312 5	0.097 656 25
S_7	0	0	0	0	0	0	0	0.312 5
S_8	0	0	0	0	0	0	0	0

在综合影响矩阵的基础上求得各因素的影响度、被影响度、中心度、原因度分别如表 6-48。

表 6-48　各因素的影响度、被影响度、中心度、原因度

因素 S_i	影响度	被影响度	中心度	原因度
项目的地质条件 S_1	0.25	0	0.25	0.25
项目的地形条件 S_2	0.13	0	0.13	0.13
设计单位的经验和能力 S_3	0.33	0	0.33	0.33
业主的重视程度 S_4	0.88	0	0.88	0.88
勘察设计周期 S_5	0.45	0.13	0.58	0.32
勘察设计单位的资源投入 S_6	0.41	0.19	0.6	0.22
勘察设计文件编制深度 S_7	0.31	1.09	1.4	-0.78
勘察设计质量 S_8	0	1.36	1.36	-1.36

根据上述结果可知：导致实体工程量上升的各因素中，原因度较高的因素包括：业主的重视程度，业主对项目投资控制的重视程度是影响工程量估算准确度的主要原因。而勘察设计质量以及勘察设计文件的编制深度这两个要素的中心度最高，由此可见勘察设计文件的编制深度以及勘察设计质量对实体工程量的变化发挥了十分重要的作用。

根据上述分析，要想控制好建设项目实体工程量，最重要的在工作是加强对勘察设计文件编制深度以及勘察设计质量的控制，而业主对勘察设计的重视程度是其中至关重要的因素。

6.3.5　征地拆迁费关键影响因素研究

根据前一节的分析，本研究共确定了 6 个影响征地拆迁费变化的影响要素，为建立要素间的直接影响矩阵，从 18 位建筑工程造价管理领域的专业人士进行了问卷调查，通过在线问卷的方式，按照 1-5 级标度对各要素之间的直接影响关系进行打分，回收有效问卷 18 份，对有效问卷进行分析并取出现频率最高的数作为对应因素的直接关联程度，建立了各因素间的直接影响矩阵 X 如表 6-49。

表 6-49　各因素间的直接影响矩阵 X

	S_1	S_2	S_3	S_4	S_5	S_6
S_1	0	2	0	0	0	0
S_2	0	0	0	0	0	5
S_3	0	0	0	0	0	3
S_4	0	0	0	0	0	2
S_5	0	0	0	0	0	0
S_6	0	0	0	0	0	0

通过规范化直接影响矩阵得到规范化直接影响矩阵 G 如表 6-50。

表 6-50　规范化直接影响矩阵 G

0	0.2	0	0	0	0
0	0	0	0	0	0.5
0	0	0	0	0	0.3
0	0	0	0	0	0.2
0	0	0	0	0	0
0	0	0	0	0	0

初始化直接影响矩阵乘以 X 得出正规化直接影响矩阵 G，并通过 $T = G + G_2 + G_3 + \cdots\cdots + G_N = G(E - G)^{-1}$ 得到综合影响矩阵 T 如表 6-51。

表 6-51　综合影响矩阵 T

	S_1	S_2	S_3	S_4	S_5	S_6
S_1	0	0.2	0	0	0	0.1
S_2	0	0	0	0	0	0.5
S_3	0	0	0	0	0	0.3
S_4	0	0	0	0	0	0.2
S_5	0	0	0	0	0	0
S_6	0	0	0	0	0	0

在综合影响矩阵的基础上求得各因素的影响度、被影响度、中心度、原因度分别如表 6-52。

表 6-52　各因素的影响度、被影响度、中心度、原因度

因素 S_i	影响度	被影响度	中心度	原因度
业主的行政资源 S_1	0.3	0	0.3	0.3
政府的效率 S_2	0.5	0.2	0.7	0.3
业主在当地的关系资源 S_3	0.3	0	0.3	0.3
当地民风 S_4	0.2	0	0.2	0.2
当地的土地补充标准 S_5	0	0	0	0
征地的顺利程度 S_6	0	1.1	1.1	-1.1

根据上述结果可知：当地政府的办事效率以及征地拆迁的顺利程度对于征地拆迁费用的变化具有直观重要的作用。

6.3.6　工器具购置费关键影响因素研究

根据上节的分析，本研究共确定了 8 个影响工器具购置费变化的影响要素，为建立要素间的直接影响矩阵，从 18 位建筑工程造价管理领域的专业人士进行了问卷调查，通过在线问卷的方式，按照 1-5 级标准对各要素之间的直接影响关系进行打分，回收有效问卷 18 份，对有效问卷进行分析并取出现频率最高的数作为对应因素的直接关联程度，建立了各因素间的直接影响矩阵 X 如表 6-53。

表 6-53　各因素间的直接影响矩阵 X

	S_1	S_2	S_3	S_4	S_5	S_6	S_7	S_8
S_1	0	5	0	0	0	0	0	0
S_2	0	0	0	0	0	5	0	0
S_3	0	0	0	2	0	0	0	0
S_4	0	0	0	0	4	0	4	0
S_5	0	0	0	0	0	0	0	0
S_6	0	0	0	0	0	0	0	0
S_7	0	0	0	0	0	0	0	0
S_8	0	0	0	0	0	0	0	0

通过规范化直接影响矩阵得到规范化直接影响矩阵 G 如表 6-54。

表 6-54　规范化直接影响矩阵 G

0	0.625	0	0	0	0	0	0
0	0	0	0	0	0.625	0	0
0	0	0	0.25	0	0	0	0
0	0	0	0	0.5	0	0.5	0
0	0	0	0	0	0	0	0
0	0	0	0	0	0	0	0
0	0	0	0	0	0	0	0
0	0	0	0	0	0	0	0

初始化直接影响矩阵乘以 X 得出正规化直接影响矩阵 G ，并通过 $T = G + G_2 + G_3 + \cdots\cdots + G_N = G（E - G）-1$ 得到综合影响矩阵 T 如表 6-55。

表 6-55　综合影响矩阵 T

	S_1	S_2	S_3	S_4	S_5	S_6	S_7	S_8
S_1	0	0.625	0	0	0	0.39	0	0
S_2	0	0	0	0	0	0.625	0	0
S_3	0	0	0	0.25	0.125	0	0.125	0
S_4	0	0	0	0	0.5	0	0.5	0
S_5	0	0	0	0	0	0	0	0
S_6	0	0	0	0	0	0	0	0
S_7	0	0	0	0	0	0	0	0
S_8	0	0	0	0	0	0	0	0

在综合影响矩阵的基础上求得各因素的影响度、被影响度、中心度、原因度分别如表 6-56。

表 6-56　各因素的影响度、被影响度、中心度、原因度

因素 S_i	影响度	被影响度	中心度	原因度
基础设施投资政策 S_1	1.02	0	1.02	1.02
新开工项目 S_2	0.63	0.63	1.26	0

因素 S_i	影响度	被影响度	中心度	原因度
经济增长速度 S_3	0.5	0	0.5	0.5
通货膨胀率 S_4	1	0.25	1.25	0.75
运输费率 S_5	0	0.63	0.63	-0.63
工器具需求量 S_6	0	1.02	1.02	-1.02
生产成本 S_7	0	0.63	0.63	-0.63
供应商间的竞争激烈程度 S_8	0	0	0	0

根据上述结果可知：导致工器具购置费上升的各因素中，原因度较高的因素包括：基础设施投资政策以及通货膨胀率。基础设施投资的快速增长是导致工器具购置费快速上涨的主要原因，而通货膨胀同样也加剧了工器具购置费的快速上涨。而新开工项目数量、工器具购置需求这两个要素的中心度也很高，由此可见新开工项目数量不断增加导致项目对工器具购置的需求增加是工器具购置费上涨过程中也发挥了十分重要的作用。

根据上述分析，基础设施投资的不断增加以及快速通货膨胀是导致工器具购置费上涨的主要原因。

7

基于贝叶斯网络的城市地下综合管廊工程造价指数预测方法

7.1 基于贝叶斯网络的人机料单价造价指数预测模型

7.1.1 人工费价格指数预测模型

1. 贝叶斯网络模型结构的确定

根据上一章阐述的模型建立步骤，首先确定节点内容和节点类型。贝叶斯网络由节点组成，不同节点对应着不同的影响事件。节点类型包括：目标节点，标识待求解的目标，其经过推理后的后验概率作为决策的依据；证据节点，标识已知条件，即这些变量的取值能够被观察或检测到，然后输入贝叶斯网作为推理的前提条件；中间节点，除目标节点和证据节点之外的所有节点。

其次确定节点关系。确定了节点内容后，需要按照一定的方法，确定各节点之间的关系，从而进行贝叶斯网络推理。在第 3 章建立的指标体系所确定的影响因素以及第 4 章确定的网络结构基础上，根据构建贝叶斯网络的需要，对部分影响因素进行调整，使得影响因素可以作为节点直接应用。调整原则：用带有变化的词语表示原有因素；为了更好地表达因素间的关系，增加和删减个别因素。调整后的贝叶斯网络模型结构如图 7-1 所示。

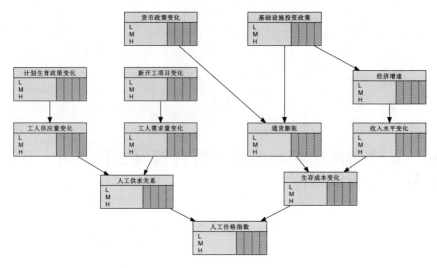

图 7-1   人工价格指数贝叶斯网络模型结构

2. 贝叶斯网络模型节点的定义

影响人工价格的贝叶斯网络模型节点包括：人工供求关系、工人生存成本的变化、工人供应量变化、工人需求量变化、通货膨胀、收入水平变化、计划生育政策变化、新开工项目变化、经济增速、货币政策、基础设施投资政策等。节点状态的确定可以根据专家的先验经验知识获得，也可以根据节点数据本身的特点进行分析获得。综合上述两种方式，确定本文贝叶斯网络结构学习模型的节点状态为离散型，根据各节点的状态以及本项研究数据的可得性，各节点状态均划分为 3 ~ 5 个层级，模型中各节点状态描述如下表 7-1 所示。

表 7-1   人工价格指数模型节点状态表

序号	代码	因素	因素分层	分层状态
1	F0	人工价格指数	降低\维持\小幅上升\中幅上升\大幅上升	<0.95\0.95-1.05\1.05-1.2\1.2-1.5\>1.5
2	F1	人工供求关系	供大于求\供求平衡\供不应求\严重供不应求	供求比 <0.8\0.8-0.95\0.95-1.05\>1.05

序号	代码	因素	因素分层	分层状态
3	F2	工人生存成本变化	下降\维持\小幅上升\中幅上升\大幅上升	物价指数 <0.95\0.95-1.05\1.05-1.2\1.2-1.5\>1.5
4	F3	工人供应量变化	上升\维持\小幅降低\大幅下降	<0.8\0.8-0.95\0.95-1.05\>1.05
5	F4	工人需求量变化	降低\维持\小幅上升\大幅上升	<0.95\0.95-1.05\1.05-1.2\>1.2
6	F5	通货膨胀	通货紧缩\维持\小幅通货膨胀\中幅通货膨胀\大幅通货膨胀	通货膨胀率 <0.95\0.95-1.05\1.05-1.2\1.2-1.5\>1.5
7	F6	收入水平变化	降低\维持\小幅上升\中幅上升\大幅上升	<0.95\0.95-1.05\1.05-1.2\1.2-1.5\>1.5
8	F7	计划生育政策变化	收紧\维持\放松	字面意义
9	F8	新开工项目变化	大幅减少\小幅减少\持平\小幅增加\大幅增加	<0.8\0.8-0.95\0.95-1.05\1.05-1.2\>1.2
10	F9	经济增速	负增长\维持\小幅增长\快速增长	<0.95\0.95-1.05\1.05-1.2\>1.2
11	F10	货币政策	紧缩\持平\平稳扩张\大幅扩张	年货币超发率 <0.95\0.95-1.05\1.05-1.2\>1.2
12	F11	基础设施投资政策	紧缩\持平\平稳扩张\大幅扩张	基础设施投资环比增加率 <0.95\0.95-1.05\1.05-1.2\>1.2

3. 贝叶斯网络模型节点条件概率的获取

构建贝叶斯网络之后,下一个步骤是确定节点对应的有条件和无条件概率分布。贝叶斯网络的节点分为两类:一类是与其父节点之间存在直接的逻辑"与"或者逻辑"或"的关系,当其父节点发生或不发生时,该子节点发生的可能性可直接判断为 0% 或 100%,即发生或者不发生,称之为 M 类节点,M 类节点的 CPT 可以直接通过逻辑分析得到,这种情况一般描述一个父节点对应一个或多个子节点；另一类是其父节点的综合作用导致该节点的发生，当其父节点发生或不发生时，该子节点发生的可能性的区间为[0%，100%]，称之为 N 类节点，N 类节点的 CPT 需要通过数据训练或者根据专家经验给出，这种情况一般描述多个父节点对应一个或多个子节点。这两类节点在贝叶斯网络结构中的表现形式相同，都是用逻辑连线联系起来的，但其内部逻辑关系及 CPT 存在区别。

数据采集分两组进行，第一组对于一些可以定量化、数据较容易获得的研究领域可以采用大量数据对贝叶斯网络进行训练。本文中经过调整后的贝叶斯网络中，计划生育政策变化、新开工项目变化、货币政策、基础设施投资政策等四个初始节点的需设定先验概率，为了便于录入数据，用 5、4、3、2、1 分别表示大幅增加、小幅增加、持平、小幅减少和大幅减少。得到的初始节点的先验概率表如下表 7-2 所示。

表 7-2　初始节点先验概率表

初 始 节 点	先 验 概 率				
	5	4	3	2	1
计 划 生 育 政 策 变 化	0	40%	60%	0	0
新 开 工 项 目 变 化	5%	10%	60%	20%	5%
货 币 政 策	20%	30%	40%	10%	0
基 础 设 施 投 资 政 策	20%	30%	40%	10%	

第二组，对于节点数较多、难以获取有效数据的贝叶斯网络，仅用逻辑推理无法得到节点的先验概率和条件概率。由于缺乏必要的数据样本，人工价格指数贝叶斯网络模型的中间节点的相关数据难以获得，本文主要采用问卷调研的方式获得部分初始节点的先验概率和中间节点的条件概率表。为了获得人工价格指数贝叶斯网络的 CPT，对影响人工价格因素的先验概率和条件概率进行定量调查，通过结构性问卷调查的方法来获取相关数据。进行调研前，由笔者先对问卷的设计、需要的信息和问卷的填写方法进行统一说明。

1）问卷设计

针对人工价格变化的影响因素设计调查问卷，将调查对象的范围规定在具有 5 年以上工作经验的建设项目业主、施工单位、监理单位、咨询机构、高校相关专业等领域的专业人士。问卷设计时为了使专家对概率和不确定时间发生可能性的表述理解统一，需要对节点状态进行统一说明。在本文模型中，采用知识经验给定因素层的初始节点和中间节点 3 个状态，分别用阿拉伯数字用 5、4、3、2、1 分别表示大幅增加、小幅增加、持平、小幅减少和大幅减少。采用这种分级制是由于本文大部分选用宏观因素，无法对宏观因素的变化做出比较准确的判断，并且用于模型构造的数据量比较多，节点状态划分多，需要数据多的缘故。

2）问卷发放

本次问卷通过调查派网站进行制作完成，并通过网络进行发放和回收，通过网络发放问卷可以大大延伸问卷的数据来源范围，节约问卷的发放与回收时间。

3）问卷调查的内容

本问卷主要对政府投资项目不确定性因素的影响程度进行定量调查，设计了相应的研究变量。概率的提问形式和节点条件概率表一致，本文关于贝叶斯网络中初始节点和中间节点的有关概率分布的问卷形式可用表 7-3 表示。

表 7-3 中间节点 C 的条件概率表

	A	1			2			3		
	B	1	2	3	1	2	3	1	2	3
C	1									
	2									
	3									

4）问卷回收

剔除了存在连续雷同答案和人为固定模式答案的问卷后，共取得有效问卷 127 份。被调查对象 168 人，其中具有 5 至 8 年经验的 112 人，占 66.67%。具有 9 至 15 年工作经验的 46 人，占 27.38%，15 年以上的 10 人，占 5.95%。

根据回收得到的问卷数据，对问卷的数据进行统计，用均值法求出每个节点状态对应的概率，可以得出如下表所示的概率表。表 7-4 ~ 表 7-11 是与人工价格相关节点的条件概率表。

表 7-4　经济增长速度的条件概率 CPT（F9/F11）

F11	P（F9=1）	P（F9=2）	P（F9=3）	P（F9=4）
1	0.4	0.3	0.2	0.1
2	0.2	0.3	0.3	0.2
3	0.2	0.3	0.3	0.2
4	0.1	0.2	0.3	0.4

表 7-5　工人供应量变化的条件概率 CPT（F3/F7）

F7	P（F3=1）	P（F3=2）	P（F3=3）	P（F3=4）
1	0.65	0.2	0.1	0.05
2	0.1	0.4	0.4	0.1
3	0.05	0.1	0.2	0.65

表 7-6　工人需求量变化的条件概率 CPT（F4/F8）

F8	P（F4=1）	P（F4=2）	P（F4=3）	P（F4=4）
1	0.83	0.1	0.05	0.02
2	0.07	0.55	0.35	0.03
3	0.05	0.45	0.45	0.05
4	0.03	0.35	0.55	0.07
5	0.02	0.05	0.1	0.83

表 7-7　收入水平变化的条件概率 CPT（F6/F9）

F9	P（F6=1）	P（F6=2）	P（F6=3）	P（F6=4）	P（F6=5）
1	0.9	0.1	0	0	0
2	0.1	0.8	0.1	0	0
3	0	0.1	0.5	0.4	0
4	0	0	0.1	0.5	0.4

表 7-8　通货膨胀的条件概率 CPT（F5/F10；F11）

F10	F11	P（F5=1）	P（F5=2）	P（F5=3）	P（F5=4）	P（F5=5）
1	1	0.70	0.15	0.1	0.05	0
2	1	0.4	0.4	0.12	0.05	0.03
3	1	0.15	0.6	0.15	0.08	0.02
4	1	0.1	0.4	0.4	0.08	0.02
1	2	0.4	0.4	0.12	0.05	0.03
2	2	0.15	0.6	0.15	0.08	0.02
3	2	0.1	0.4	0.4	0.08	0.02
4	2	0.05	0.2	0.5	0.2	0.05
1	3	0.15	0.6	0.15	0.08	0.02
2	3	0.1	0.4	0.4	0.08	0.02
3	3	0.05	0.2	0.5	0.2	0.05
4	3	0.02	0.08	0.4	0.4	0.1
1	4	0.1	0.4	0.4	0.08	0.02
2	4	0.05	0.2	0.5	0.2	0.05
3	4	0.02	0.08	0.4	0.4	0.1
4	4	0	0.05	0.1	0.15	0.7

表 7-9　人工供求关系的条件概率 CPT（F1/F3；F4）

F3	F4	P（F1=1）	P（F1=2）	P（F1=3）	P（F1=4）
1	1	0.05	0.15	0.7	0.1
2	1	0	0.10	0.75	0.15
3	1	0	0.05	0.01	0.85
4	1	0	0	0.05	0.95
1	2	0.8	0.2	0	0
2	2	0.25	0.6	0.15	0
3	2	0	0.05	0.9	0.05

F3	F4	P（F1=1）	P（F1=2）	P（F1=3）	P（F1=4）
4	2	0	0	0.3	0.7
1	3	0.9	0.1	0	0
2	3	0.8	0.2	0	0
3	3	0.1	0.8	0.1	0
4	3	0	0.1	0.8	0.1
1	4	1.0	0	0	0
2	4	0.9	0.1	0	0
3	4	0.2	0.7	0.1	0
4	4	0	0.1	0.8	0.1

表 7-10　生存成本变化的条件概率　CPT（F2/F10；F11）

F5	F6	P（F2=1）	P（F2=2）	P（F2=3）	P（F2=4）	P（F2=5）
1	1	0.1	0.8	0.1	0	0
2	1	0	0.1	0.8	0.1	0
3	1	0	0	0.1	0.2	0.7
4	1	0	0	0	0.1	0.9
5	1	0	0	0	0	1.0
1	2	0.7	0.3	0	0	0
2	2	0.1	0.8	0.1	0	0
3	2	0	0.1	0.8	0.1	0
4	2	0	0	0.1	0.2	0.7
5	2	0	0	0	0.1	0.9
1	3	0.8	0.2	0	0	0
2	3	0.8	0.2	0	0	0
3	3	0.1	0.8	0.1	0	0
4	3	0	0.1	0.8	0.1	0

F5	F6	P（F2=1）	P（F2=2）	P（F2=3）	P（F2=4）	P（F2=5）
5	3	0	0	0.1	0.2	0.7
1	4	0.9	0.1	0	0	0
2	4	0.85	0.15	0	0	0
3	4	0.5	0.5	0	0	0
4	4	0.1	0.8	0.1	0	0
5	4	0	0.1	0.8	0.1	0
1	5	1.0	0	0	0	0
2	5	0.9	0.1	0	0	0
3	5	0.8	0.2	0	0	0
4	5	0.5	0.5	0	0	0
5	5	0.1	0.8	0.1	0	0

表 7-11　人工价格指数的条件概率　CPT（F0/F1；F2）

F1	F2	P（F0=1）	P（F0=2）	P（F0=3）	P（F0=4）	P（F0=5）
1	1	0	0.1	0.3	0.5	0.1
2	1	0.05	0.6	0.3	0.05	0
3	1	0.5	0.45	0.05	0	0
4	1	0.95	0.05	0	0	0
1	2	0	0	0.1	0.3	0.6
2	2	0	0	0.2	0.4	0.4
3	2	0.03	0.95	0.02	0	0
4	2	0.7	0.2	0.1	0	0
1	3	0	0	0	0.1	0.9
2	3	0	0	0.1	0.5	0.4
3	3	0	0	0.35	0.6	0.05
4	3	0.3	0.6	0.1	0	0

F1	F2	P（F0=1）	P（F0=2）	P（F0=3）	P（F0=4）	P（F0=5）
1	4	0	0	0	0.05	0.95
2	4	0	0	0	0.2	0.8
3	4	0	0	0.2	0.7	0.1
4	4	0.2	0.7	0.1	0	0
1	5	0	0	0	0	1.0
2	5	0	0	0	0.05	0.95
3	5	0	0	0	0.2	0.8
4	5	0.1	0.3	0.6	0	0

4. 人工费价格指数预测贝叶斯网络模型的构建

在获得贝叶斯网络的结构以及各节点的条件概率之后，可以利用贝叶斯网分析软件包 NETICA 构建贝叶斯网络模型如图 7-2 所示。

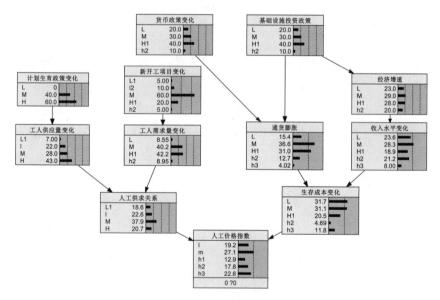

图 7-2　人工价格指数预测贝叶斯网络模型

利用图 7-2 所示的贝叶斯网络模型，可以预测不同初始条件下，造价指数的变化趋势。

7.1.2 材料费价格指数预测模型

1. 贝叶斯网络模型结构的确定

根据上节阐述的模型建立步骤，首先确定节点内容和节点类型。贝叶斯网络由节点组成，不同节点对应着不同的影响事件。节点类型包括：目标节点，标识待求解的目标，其经过推理后的后验概率作为决策的依据；证据节点，标识已知条件，即这些变量的取值能够被观察或检测到，然后输入贝叶斯网作为推理的前提条件；中间节点，除目标节点和证据节点之外的所有节点。

其次确定节点关系。确定了节点内容后，需要按照一定的方法，确定各节点之间的关系，从而进行贝叶斯网络推理。在第 3 章建立的指标体系所确定的影响因素以及第 4 章确定的网络结构基础上，根据构建贝叶斯网络的需要，对部分影响因素进行调整，使得影响因素可以作为节点直接应用。调整原则：用带有变化的词语表示原有因素；为了更好地表达因素间的关系，增加和删减个别因素。调整后的贝叶斯网络模型结构如图 7-3 所示。

2. 贝叶斯网络模型节点的定义

影响人工价格的贝叶斯网络模型节点包括：人工供求关系、工人生存成本的变化、工人供应量变化、工人需求量变化、通货膨胀、收入水平变化、计划生育政策变化、新开工项目变化、经济增速、货币政策、基础设施投资政策等。节点状态的确定可以根据专家的先验经验知识获得，也可以根据节点数据本身的特点进行分析获得。综合上述两种方式，确定本文贝叶斯网络结构学习模型的节点状态为离散型，根据各节点的状态以及本项研究数据的可得性，各节点状态均划分为 3～5 个层级，模型中各节点状态描述如下表 7-12 所示。

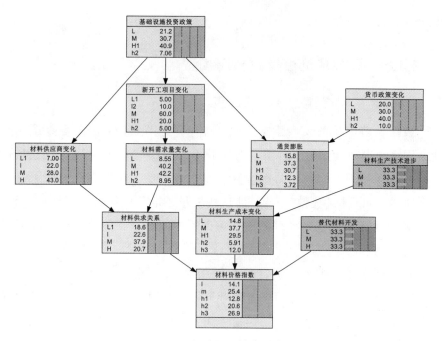

图 7-3　材料价格指数贝叶斯网络模型结构

表 7-12　人工价格指数模型节点状态表

序号	代码	因素	因素分层	分层状态
1	F0	材料价格指数	降低\维持\小幅上升\中幅上升\大幅上升	<0.95\0.95-1.05\1.05-1.2\1.2-1.5\>1.5
2	F1	材料供求关系	严重供不应求\供不应求\供求平衡\供大于求	供求比 <0.8\0.8-0.95\0.95-1.05\>1.05
3	F2	材料生产成本变化	下降\维持\小幅上升\中幅上升\大幅上升	物价指数 <0.95\0.95-1.05\1.05-1.2\1.2-1.5\>1.5
4	F3	材料供应商变化	大幅下降\小幅降低\维持\上升	<0.8\0.8-0.95\0.95-1.05\>1.05
5	F4	材料需求量变化	降低\维持\小幅上升\大幅上升	<0.95\0.95-1.05\1.05-1.2\>1.2

序号	代码	因素	因素分层	分层状态
6	F5	通货膨胀	通货紧缩\维持\小幅通货膨胀\中幅通货膨胀\大幅通货膨胀	通货膨胀率<0.95\0.95-1.05\1.05-1.2\1.2-1.5\>1.5
7	F6	替代材料开发	不成熟\基本成熟\成熟产品	<0.95\0.95-1.05\1.05-1.2\1.2-1.5\>1.5
8	F7	材料生产技术进步	进步缓慢\进步中速\进步快速	字面意义
9	F8	新开工项目变化	大幅减少\小幅减少\持平\小幅增加\大幅增加	<0.8\0.8-0.95\0.95-1.05\1.05-1.2\>1.2
10	F9	货币政策	紧缩\持平\平稳扩张\大幅扩张	年货币超发率<0.95\0.95-1.05-1.2\>1.2
11	F10	基础设施投资政策	紧缩\持平\平稳扩张\大幅扩张	基础设施投资环比增加率<0.95\0.95-1.05-1.2\>1.2

3. 贝叶斯网络模型节点条件概率的获取

构建贝叶斯网络之后，下一个步骤是确定节点对应的有条件和无条件概率分布。贝叶斯网络的节点分为两类：一类是与其父节点之间存在直接的逻辑"与"或者逻辑"或"的关系，当其父节点发生或不发生时，该子节点发生的可能性可直接判断为 0%或 100%，即发生或者不发生，称之为 M 类节点，M 类节点的 CPT 可以直接通过逻辑分析得到，这种情况一般描述一个父节点对应一个或多个子节点；另一类是其父节点的综合作用导致该节点的发生，当其父节点发生或不发生时，该子节点发生的可能性的区间为[0%，100%]，称之为 N 类节点，N 类节点的 CPT 需要通过数据训练或者根据专家经验给出，这种情况一般描述多个父节点对应一个或多个子节点。这两类节点在贝叶斯网络结构中的表现形式相同，都是用逻辑连线联系起来的，但其内部逻辑关系及 CPT 存在区别。

对初始节点可以采用大量数据对贝叶斯网络进行训练。本文中的初始节点包括：货币政策、基础设施投资政策、材料生产技术进步、替代材料开发，这四个初始节点的先验概率如表 7-13 所示。

表 7-13　初始节点先验概率表

初始节点	先验概率				
	5	4	3	2	1
基础设施投资政策	20%	30%	40%	10%	0
货币政策	20%	30%	40%	10%	0
材料生产技术进步	0	0	5%	10%	85%
替代材料开发	0	0	5%	10%	85%

对于节点数较多、难以获取有效数据的贝叶斯网络，仅用逻辑推理无法得到节点的先验概率和条件概率。由于缺乏必要的数据样本，人工价格指数贝叶斯网络模型的中间节点的相关数据难以获得，因此本文主要采用问卷调研的方式获得部分初始节点的先验概率和中间节点的条件概率表。为了获得人工价格指数贝叶斯网络的 CPT，对影响人工价格因素的先验概率和条件概率进行定量调查，通过结构性问卷调查的方法来获取相关数据。进行调研前，由笔者先对问卷的设计、需要的信息和问卷的填写方法进行统一说明。

根据回收得到的问卷数据，对问卷的数据进行统计，用均值法求出每个节点状态对应的概率，可以得出如下表所示的概率表。表 7-14～表 7-20 是与人工价格相关节点的条件概率表。

表 7-14　新开工项目的条件概率 CPT（F8/F10）

F10	P（F8=1）	P（F8=2）	P（F8=3）	P（F8=4）	P（F8=5）
1	0.45	0.45	0.1	0	0
2	0.1	0.2	0.6	0.1	0
3	0	0	0.3	0.6	0.1
4	0	0	0	0.3	0.7

表 7-15　通货膨胀的条件概率 CPT（F5/F9，F10）

F10	F9	P（F5=1）	P（F5=2）	P（F5=3）	P（F5=4）	P（F5=5）
1	1	1	0	0	0	0
2	1	0.9	0.1	0	0	0
3	1	0.8	0.2	0	0	0
4	1	0.7	0.2	0.1	0	0
1	2	0.05	0.9	0.05	0	0
2	2	0.1	0.8	0.1	0	0
3	2	0.05	0.7	0.25	0	0
4	2	0	0.6	0.3	0.1	0
1	3	0	0	0.3	0.7	0
2	3	0	0	0.2	0.6	0.2
3	3	0	0	0.1	0.5	0.4
4	3	0	0	0	0.3	0.7
1	4	0	0	0.05	0.15	0.8
2	4	0	0	0	0.1	0.9
3	4	0	0	0	0.05	0.95
4	4	0	0	0	0	1.0

表 7-16　材料供应商变化的条件概率 CPT（F3/F10）

F10	P（F3=1）	P（F3=2）	P（F3=3）	P（F3=4）
1	0.4	0.5	0.1	0
2	0	0.1	0.8	0.1
3	0	0	0.4	0.6
4	0	0	0.1	0.9

表 7-17　材料需求量变化的条件概率 CPT（F4/F8）

F8	P（F4=1）	P（F4=2）	P（F4=3）	P（F4=4）
1	1	0	0	0
2	0.8	0.2	0	0
3	0.1	0.8	0.1	0
4	0	0.1	0.8	0.1
5	0	0	0.1	0.9

表 7-18　材料供求关系的条件概率　CPT（F1/F3；F4）

F3	F4	P（F1=1）	P（F1=2）	P（F1=3）	P（F1=4）
1	1	0	0.2	0.75	0.05
2	1	0	0.10	0.75	0.15
3	1	0	0.05	0.01	0.85
4	1	0	0	0.05	0.95
1	2	0.8	0.2	0	0
2	2	0.25	0.6	0.15	0
3	2	0	0.05	0.9	0.05
4	2	0	0	0.3	0.7
1	3	0.9	0.1	0	0
2	3	0.8	0.2	0	0
3	3	0.1	0.8	0.1	0
4	3	0	0.1	0.8	0.1
1	4	1.0	0	0	0
2	4	0.9	0.1	0	0
3	4	0.2	0.7	0.1	0
4	4	0	0.1	0.8	0.1

表 7-19 材料生产成本变化的条件概率 CPT（F2/F5；F7）

F5	F7	P（F2=1）	P（F2=2）	P（F2=3）	P（F2=4）	P（F2=5）
1	1	0.9	0.1	0	0	0
2	1	0.05	0.9	0.05	0	0
3	1	0	0.05	0.9	0.05	
4	1	0	0	0.05	0.9	0.05
5	1	0	0	0	0	1.0
1	2	0.95	0.05	0	0	0
2	2	0	0.95	0.05	0	0
3	2	0	0.15	0.8	0.05	0
4	2	0	0	0.15	0.8	0.05
5	2	0	0	0	0.1	0.9
1	3	1.0	0	0	0	0
2	3	0.4	0.6	0	0	0
3	3	0	0.4	0.6	0	0
4	3	0	0	0.4	0.6	0
5	3	0	0	0	0.4	0.6

表 7-20 人工价格指数的条件概率 CPT（F0/F1；F2；F6）

F1	F2	F6	P（F0=1）	P（F0=2）	P（F0=3）	P（F0=4）	P（F0=5）
1	1	1	0.1	0.4	0.2	0.2	0.1
2	1	1	0.2	0.5	0.2	0.1	0
3	1	1	0.4	0.5	0.1	0	0
4	1	1	0.7	0.2	0.1	0	0
1	1	2	0.2	0.3	0.3	0.2	0
2	1	2	0.3	0.5	0.2	0	0
3	1	2	0.5	0.5	0	0	0
4	1	2	0.9	0.1	0	0	0

F1	F2	F6	P（F0=1）	P（F0=2）	P（F0=3）	P（F0=4）	P（F0=5）
1	1	3	0.3	0.5	0.2	0	0
2	1	3	0.4	0.6	0	0	0
3	1	3	0.6	0.4	0	0	0
4	1	3	1.0	0	0	0	0
1	2	1	0	0	0.2	0.4	0.4
2	2	1	0	0.1	0.4	0.3	0.2
3	2	1	0.1	0.8	0.1	0	0
4	2	1	0.5	0.5	0	0	0
1	2	2	0	0	0.3	0.5	0.2
2	2	2	0.1	0.3	0.4	0.2	0
3	2	2	0.15	0.7	0.15	0	0
4	2	2	0.7	0.3	0	0	0
1	2	3	0	0.2	0.4	0.3	0.1
2	2	3	0.2	0.4	0.3	0.1	0
3	2	3	0.2	0.6	0.2	0	0
4	2	3	0.8	0.2	0	0	0
1	3	1	0	0	0.1	0.3	0.6
2	3	1	0	0	0.2	0.4	0.4
3	3	1	0	0.3	0.5	0.2	0
4	3	1	0	0.2	0.7	0.1	0
1	3	2	0	0	0.2	0.4	0.4
2	3	2	0	0.1	0.4	0.3	0.2
3	3	2	0	0.5	0.5	0	0
4	3	2	0.2	0.5	0.3	0	0
1	3	3	0	0	0.3	0.5	0.2

F1	F2	F6	P（F0=1）	P（F0=2）	P（F0=3）	P（F0=4）	P（F0=5）
2	3	3	0.1	0.4	0.3	0.2	0
3	3	3	0	0.7	0.3	0	0
4	3	3	0.6	0.4	0	0	0
1	4	1	0	0	0	0.2	0.8
2	4	1	0	0	0	0.3	0.7
3	4	1	0	0	0.1	0.7	0.2
4	4	1	0	0.2	0.4	0.4	0
1	4	2	0	0	0.1	0.3	0.6
2	4	2	0	0	0.2	0.4	0.4
3	4	2	0	0	0.4	0.5	0.1
4	4	2	0	0.4	0.4	0.2	0
1	4	3	0	0	0.2	0.4	0.4
2	4	3	0	0.1	0.4	0.3	0.2
3	4	3	0	0.4	0.4	0.2	0
4	4	3	0.4	0.4	0.2	0	0
1	5	1	0	0	0	0	1.0
2	5	1	0	0	0	0.1	0.9
3	5	1	0	0	0	0.3	0.7
4	5	1	0	0	0.5	0.3	0.2
1	5	2	0	0	0	0.2	0.8
2	5	2	0	0	0.1	0.3	0.6
3	5	2	0	0	0.2	0.4	0.4
4	5	2	0	0.2	0.4	0.4	0
1	5	3	0	0	0.2	0.3	0.5
2	5	3	0	0.1	0.3	0.4	0.2
3	5	3	0	0.2	0.5	0.3	0
4	5	3	0.2	0.4	0.4	0	0

4. 材料费价格指数预测贝叶斯网络模型的构建

在获得贝叶斯网络的结构以及各节点的条件概率之后，可以利用贝叶斯网分析软件包 NETICA 构建贝叶斯网络模型如图 7-4 所示。

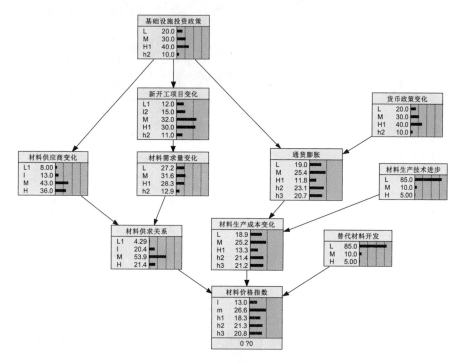

图 7-4　人工价格指数预测贝叶斯网络模型

利用图 7-4 所示的贝叶斯网络模型，可以预测不同初始条件下，造价指数的变化趋势。

7.1.3　机械台班价格指数预测模型

1. 贝叶斯网络模型结构的确定

根据上节阐述的模型建立步骤，首先确定节点内容和节点类型。贝叶斯网络由节点组成，不同节点对应着不同的影响事件。节点类型包括：目标节点，标识待求解的目标，其经过推理后的后验概率作为决策的依据；证据节点，标识已知条件，即这些变量的取值能够被观察或检测到，然后输入贝叶斯网作为推理的前提条件；中间节点，除目标节点和证据节点之外的所有节点。

其次确定节点关系。确定了节点内容后，需要按照一定的方法，确定各节点之间的关系，从而进行贝叶斯网络推理。在第三章建立的指标体系所确定的影响因素以及第四章确定的网络结构基础上，根据构建贝叶斯网络的需要，对部分影响因素进行调整，使得影响因素可以作为节点直接应用。调整原则：用带有变化的词语表示原有因素；为了更好地表达因素间的关系，增加和删减个别因素。调整后的贝叶斯网络模型结构如图 7-5 所示。

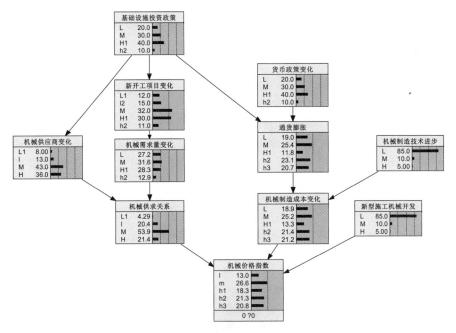

图 7-5 机械台班价格指数贝叶斯网络模型结构

2. 贝叶斯网络模型节点的定义

影响人工价格的贝叶斯网络模型节点包括：人工供求关系、工人生存成本的变化、工人供应量变化、工人需求量变化、通货膨胀、收入水平变化、计划生育政策变化、新开工项目变化、经济增速、货币政策、基础设施投资政策等。节点状态的确定可以根据专家的先验经验知识获得，也可以根据节点数据本身的特点进行分析获得。综合上述两种方式，确定本文贝叶斯网络结构学习模型的节点状态为离散型，根据各节点的状态以及本项研究数据的可得性，各节点状态均划分为 3 ~ 5 个层级，模型中各节点状态描述如表 7-21 所示。

表 7-21　机械台班价格指数模型节点状态

序号	代码	因素	因素分层	分层状态
1	F0	机械台班价格指数	降低\维持\小幅上升\中幅上升\大幅上升	<0.95\0.95-1.05\1.05-1.2\1.2-1.5\>1.5
2	F1	机械供求关系	严重供不应求\供不应求\供求平衡\供大于求	供求比 <0.8\0.8-0.95\0.95-1.05\>1.05
3	F2	机械制造成本变化	下降\维持\小幅上升\中幅上升\大幅上升	物价指数 <0.95\0.95-1.05\1.05-1.2\1.2-1.5\>1.5
4	F3	机械供应商变化	大幅下降\小幅降低\维持\上升	<0.8\0.8-0.95\0.95-1.05\>1.05
5	F4	机械需求量变化	降低\维持\小幅上升\大幅上升	<0.95\0.95-1.05\1.05-1.2\>1.2
6	F5	通货膨胀	通货紧缩\维持\小幅通货膨胀\中幅通货膨胀\大幅通货膨胀	通货膨胀率 <0.95\0.95-1.05\1.05-1.2\1.2-1.5\>1.5
7	F6	新型施工机械开发	不成熟\基本成熟\成熟产品	<0.95\0.95-1.05\1.05-1.2\1.2-1.5\>1.5
8	F7	机械制造技术进步	进步缓慢\进步中速\进步快速	字面意义
9	F8	新开工项目变化	大幅减少\小幅减少\持平\小幅增加\大幅增加	<0.8\0.8-0.95\0.95-1.05\1.05-1.2\>1.2
10	F9	货币政策	紧缩\持平\平稳扩张\大幅扩张	年货币超发率 <0.95\0.95-1.05\1.05-1.2\>1.2
11	F10	基础设施投资政策	紧缩\持平\平稳扩张\大幅扩张	基础设施投资环比增加率 <0.95\0.95-1.05\1.05-1.2\>1.2

3. 贝叶斯网络模型节点条件概率的获取

构建贝叶斯网络之后，下一个步骤是确定节点对应的有条件和无条件概率分布。贝叶斯网络的节点分为两类：一类是与其父节点之间存在直接的逻辑"与"或者逻辑"或"的关系，当其父节点发生或不发生时，该子节点发生的可能性可直接判断为 0%或 100%，即发生或者不发生，称之为 M 类节点，M 类节点的 CPT 可以直接通过逻辑分析得到，这种情况一般描述一个父节点对应一个或多个子节点；另一类是其父节点的综合作用导致该节点的发生，当其父节点发生或不发生时，该子节点发生的可能性的区间为[0%，100%]，称之为 N 类节点，N 类节点的 CPT 需要通过数据训练或者根据专家经验给出，这种情况一般描述多个父节点对应一个或多个子节点。这两类节点在贝叶斯网络结构中的表现形式相同，都是用逻辑连线联系起来的，但其内部逻辑关系及 CPT 存在区别。

对初始节点可以采用大量数据对贝叶斯网络进行训练。本文中的初始节点包括：货币政策、基础设施投资政策、机械制造技术进步、新型机械开发，这四个初始节点的先验概率表如下表 7-22 所示。

表 7-22　初始节点先验概率表

初始节点	先验概率				
	5	4	3	2	1
基础设施投资政策	20%	30%	40%	10%	0
货币政策	20%	30%	40%	10%	0
机械制造技术进步	0	0	5%	10%	85%
新型机械开发	0	0	5%	10%	85%

对于节点数较多、难以获取有效数据的贝叶斯网络，仅用逻辑推理无法得到节点的先验概率和条件概率。由于缺乏必要的数据样本，人工价格指数贝叶斯网络模型的中间节点的相关数据难以获得，因此本文主要采用问卷调研的方式获得部分初始节点的先验概率和中间节点的条件概率表。为了获得人工价格指数贝叶斯网络的 CPT，对影响人工价格因素的先验概率和条件概率进行定量调查，通过结构性问卷调查的方法来

获取相关数据。进行调研前，由笔者先对问卷的设计、需要的信息和问卷的填写方法进行统一说明。

根据回收得到的问卷数据，对问卷的数据进行统计，用均值法求出每个节点状态对应的概率，可以得出如下表所示的概率表。表 7-23 ~ 表 7-29 是与人工价格相关节点的条件概率表。

表 7-23　新开工项目的条件概率 CPT（F8/F10）

F10	P（F8=1）	P（F8=2）	P（F8=3）	P（F8=4）	P（F8=5）
1	0.45	0.45	0.1	0	0
2	0.1	0.2	0.6	0.1	0
3	0	0	0.3	0.6	0.1
4	0	0	0	0.3	0.7

表 7-24　通货膨胀的条件概率 CPT（F5/F9，F10）

F10	F9	P（F5=1）	P（F5=2）	P（F5=3）	P（F5=4）	P（F5=5）
1	1	1	0	0	0	0
2	1	0.9	0.1	0	0	0
3	1	0.8	0.2	0	0	0
4	1	0.7	0.2	0.1	0	0
1	2	0.05	0.9	0.05	0	0
2	2	0.1	0.8	0.1	0	0
3	2	0.05	0.7	0.25	0	0
4	2	0	0.6	0.3	0.1	0
1	3	0	0	0.3	0.7	0
2	3	0	0	0.2	0.6	0.2
3	3	0	0	0.1	0.5	0.4
4	3	0	0	0	0.3	0.7
1	4	0	0	0.05	0.15	0.8
2	4	0	0	0	0.1	0.9
3	4	0	0	0	0.05	0.95
4	4	0	0	0	0	1.0

表 7-25　机械制造商变化的条件概率 CPT（F3/F10）

F10	P（F3=1）	P（F3=2）	P（F3=3）	P（F3=4）
1	0.4	0.5	0.1	0
2	0	0.1	0.8	0.1
3	0	0	0.4	0.6
4	0	0	0.1	0.9

表 7-26　机械需求量变化的条件概率 CPT（F4/F8）

F8	P（F4=1）	P（F4=2）	P（F4=3）	P（F4=4）
1	1	0	0	0
2	0.8	0.2	0	0
3	0.1	0.8	0.1	0
4	0	0.1	0.8	0.1
5	0	0	0.1	0.9

表 7-27　机械供求关系的条件概率　CPT（F1/F3；F4）

F3	F4	P（F1=1）	P（F1=2）	P（F1=3）	P（F1=4）
1	1	0	0.2	0.75	0.05
2	1	0	0.10	0.75	0.15
3	1	0	0.05	0.01	0.85
4	1	0	0	0.05	0.95
1	2	0.8	0.2	0	0
2	2	0.25	0.6	0.15	0
3	2	0	0.05	0.9	0.05
4	2	0	0	0.3	0.7
1	3	0.9	0.1	0	0
2	3	0.8	0.2	0	0
3	3	0.1	0.8	0.1	0

F3	F4	P（F1=1）	P（F1=2）	P（F1=3）	P（F1=4）
4	3	0	0.1	0.8	0.1
1	4	1.0	0	0	0
2	4	0.9	0.1	0	0
3	4	0.2	0.7	0.1	0
4	4	0	0.1	0.8	0.1

表 7-28　机械制造成本变化的条件概率　CPT（F2/F5；F7）

F5	F7	P（F2=1）	P（F2=2）	P（F2=3）	P（F2=4）	P（F2=5）
1	1	0.9	0.1	0	0	0
2	1	0.05	0.9	0.05	0	0
3	1	0	0.05	0.9	0.05	
4	1	0	0	0.05	0.9	0.05
5	1	0	0	0	0	1.0
1	2	0.95	0.05	0	0	0
2	2	0	0.95	0.05	0	0
3	2	0	0.15	0.8	0.05	0
4	2	0	0	0.15	0.8	0.05
5	2	0	0	0	0.1	0.9
1	3	1.0	0	0	0	0
2	3	0.4	0.6	0	0	0
3	3	0	0.4	0.6	0	0
4	3	0	0	0.4	0.6	0
5	3	0	0	0	0.4	0.6

表 7-29　机械台班价格指数的条件概率　CPT（F0/F1；F2；F6）

F1	F2	F6	P（F0=1）	P（F0=2）	P（F0=3）	P（F0=4）	P（F0=5）
1	1	1	0.1	0.4	0.2	0.2	0.1
2	1	1	0.2	0.5	0.2	0.1	0
3	1	1	0.4	0.5	0.1	0	0
4	1	1	0.7	0.2	0.1	0	0
1	1	2	0.2	0.3	0.3	0.2	0
2	1	2	0.3	0.5	0.2	0	0
3	1	2	0.5	0.5	0	0	0
4	1	2	0.9	0.1	0	0	0
1	1	3	0.3	0.5	0.2	0	0
2	1	3	0.4	0.6	0	0	0
3	1	3	0.6	0.4	0	0	0
4	1	3	1.0	0	0	0	0
1	2	1	0	0	0.2	0.4	0.4
2	2	1	0	0.1	0.4	0.3	0.2
3	2	1	0.1	0.8	0.1	0	0
4	2	1	0.5	0.5	0	0	0
1	2	2	0	0	0.3	0.5	0.2
2	2	2	0.1	0.3	0.4	0.2	0
3	2	2	0.15	0.7	0.15	0	0
4	2	2	0.7	0.3	0	0	0
1	2	3	0	0.2	0.4	0.3	0.1
2	2	3	0.2	0.4	0.3	0.1	0
3	2	3	0.2	0.6	0.2	0	0
4	2	3	0.8	0.2	0	0	0
1	3	1	0	0	0.1	0.3	0.6
2	3	1	0	0	0.2	0.4	0.4
3	3	1	0	0.3	0.5	0.2	0
4	3	1	0	0.2	0.7	0.1	0
1	3	2	0	0	0.2	0.4	0.4

F1	F2	F6	P（F0=1）	P（F0=2）	P（F0=3）	P（F0=4）	P（F0=5）
2	3	2	0	0.1	0.4	0.3	0.2
3	3	2	0	0.5	0.5	0	0
4	3	2	0.2	0.5	0.3	0	0
1	3	3	0	0	0.3	0.5	0.2
2	3	3	0.1	0.4	0.3	0.2	0
3	3	3	0	0.7	0.3	0	0
4	3	3	0.6	0.4	0	0	0
1	4	1	0	0	0	0.2	0.8
2	4	1	0	0	0	0.3	0.7
3	4	1	0	0	0.1	0.7	0.2
4	4	1	0	0.2	0.4	0.4	0
1	4	2	0	0	0.1	0.3	0.6
2	4	2	0	0	0.2	0.4	0.4
3	4	2	0	0	0.4	0.5	0.1
4	4	2	0	0.4	0.4	0.2	0
1	4	3	0	0	0.2	0.4	0.4
2	4	3	0	0.1	0.4	0.3	0.2
3	4	3	0	0.4	0.4	0.2	0
4	4	3	0.4	0.4	0.2	0	0
1	5	1	0	0	0	0	1.0
2	5	1	0	0	0	0.1	0.9
3	5	1	0	0	0	0.3	0.7
4	5	1	0	0	0.5	0.3	0.2
1	5	2	0	0	0	0.2	0.8
2	5	2	0	0	0.1	0.3	0.6
3	5	2	0	0	0.2	0.4	0.4
4	5	2	0	0.2	0.4	0.4	0

F1	F2	F6	P（F0=1）	P（F0=2）	P（F0=3）	P（F0=4）	P（F0=5）
1	5	3	0	0	0.2	0.3	0.5
2	5	3	0	0.1	0.3	0.4	0.2
3	5	3	0	0.2	0.5	0.3	0
4	5	3	0.2	0.4	0.4	0	0

4. 材料费价格指数预测贝叶斯网络模型的构建

在获得贝叶斯网络的结构以及各节点的条件概率之后，可以利用贝叶斯网分析软件包 NETICA 构建贝叶斯网络模型如图 7-6 所示。

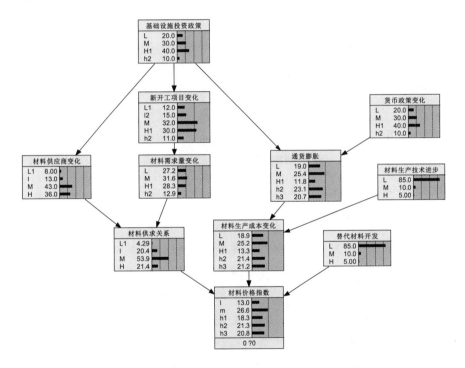

图 7-6　机械台班价格指数预测贝叶斯网络模型

利用图 7-6 所示的贝叶斯网络模型，可以预测不同初始条件下，造价指数的变化趋势。

7.2 基于贝叶斯网络的人机料消耗量指数预测模型

7.2.1 人工消耗量指数预测模型

1. 贝叶斯网络模型结构的确定

根据上节阐述的模型建立步骤，首先确定节点内容和节点类型。贝叶斯网络由节点组成，不同节点对应着不同的影响事件。节点类型包括：目标节点，标识待求解的目标，其经过推理后的后验概率作为决策的依据；证据节点，标识已知条件，即这些变量的取值能够被观察或检测到，然后输入贝叶斯网作为推理的前提条件；中间节点，除目标节点和证据节点之外的所有节点。

其次确定节点关系。确定了节点内容后，需要按照一定的方法，确定各节点之间的关系，从而进行贝叶斯网络推理。在第 3 章建立的指标体系所确定的影响因素以及第 4 章确定的网络结构基础上，根据构建贝叶斯网络的需要，对部分影响因素进行调整，使得影响因素可以作为节点直接应用。调整原则：用带有变化的词语表示原有因素；为了更好地表达因素间的关系，增加和删减个别因素。调整后的贝叶斯网络模型结构如图 7-7 所示。

2. 贝叶斯网络模型节点的定义

影响人工消耗量的贝叶斯网络模型节点包括：不合理窝工、质量不合格返工、工期滞后赶工、施工管理水平、施工难度、质量控制标准、施工技术水平、工期合理程度、业主原因调整工期、施工技术管理人员素质、业主管理水平等。节点状态的确定可以根据专家的先验经验知识获得，也可以根据节点数据本身的特点进行分析获得。综合上述两种方式，确定本文贝叶斯网络结构学习模型的节点状态为离散型，根据各节点的状态以及本项研究数据的可得性，各节点状态均划分为 3 ~ 5 个层级，模型中各节点状态描述如表 7-30 所示。

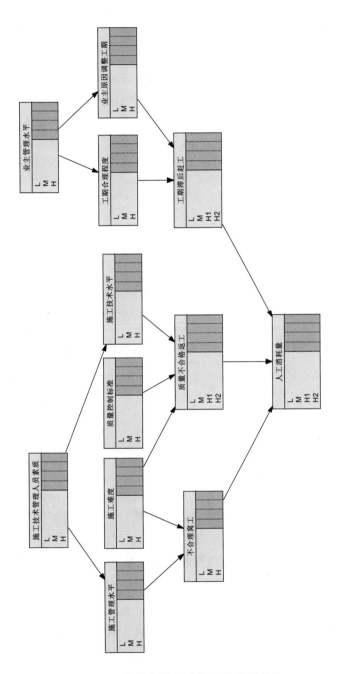

图 7-7　人工价格指数贝叶斯网络模型结构

表 7-30　人工价格指数模型节点状态

序号	代码	因素	因素分层	分层状态
1	F0	人工消耗量指数	降低\维持\小幅上升\中幅上升\大幅上升	<0.95\0.95-1.05\1.05-1.2\1.2-1.5\>1.5
2	F1	不合理窝工	很少\一般\严重\很严重	0.95-1.05\1.05-1.2\1.2-1.5\>1.5
3	F2	质量不合格返工	很少\一般\严重\很严重	0.95-1.05\1.05-1.2\1.2-1.5\>1.5
4	F3	工期滞后赶工	很少\一般\严重\很严重	0.95-1.05\1.05-1.2\1.2-1.5\>1.5
5	F4	施工管理水平	低\一般\高	字面意义
6	F5	施工难度	低\一般\高	字面意义
7	F6	质量控制标准	低\一般\高	字面意义
8	F7	施工技术水平	低\一般\高	字面意义
9	F8	工期合理程度	低\一般\高	字面意义
10	F9	业主原因调整工期	很少\较多\严重\很严重	0.95-1.05\1.05-1.2\1.2-1.5\>1.5
11	F10	施工技术管理人员素质	低\一般\高	字面意义
12	F11	业主管理水平	低\一般\高	字面意义

3. 贝叶斯网络模型节点条件概率的获取

构建贝叶斯网络之后，下一个步骤是确定节点对应的有条件和无条件概率分布。贝叶斯网络的节点分为两类：一类是与其父节点之间存在直接的逻辑"与"或者逻辑"或"的关系，当其父节点发生或不发生时，该子节点发生的可能性可直接判断为 0%或 100%，即发生或者不发生，称之为 M 类节点，M 类节点的 CPT 可以直接通过逻辑分析得到，这种情况一般描述一个父节点对应一个或多个子节点；另一类是其父节点的综合作用导致该节点的发生，当其父节点发生或不发生时，该子节点发生的可能性的区间为[0%，100%]，称之为 N 类节点，N 类节点的 CPT 需要通过数据训练或者根据专家经验给出，这种情况一般描述多个父节点对应一个或多个子节点。这两类节点在贝叶斯网络结构中的表现形式相同，都是用逻辑连线联系起来的，但其内部逻辑关系及 CPT 存在区别。

数据采集分两组进行，第一组对于一些可以定量化、数据较容易获得的研究领域可以采用大量数据对贝叶斯网络进行训练。本文中经过调整后的贝叶斯网络中，施工技术管理人员素质、施工难度、质量控制标准、业主管理水平等四个初始节点的需设定先验概率，为了便于录入数据，用 3、2、1 分别表示低、中、高三个等级。得到的初始节点的先验概率如表 7-31 所示。

表 7-31　初始节点先验概率

初始节点	先验概率		
	1	2	3
施工技术管理人员素质	30%	60%	10%
施工难度	40%	50%	10%
质量控制标准	20%	70%	10%
业主管理水平	40%	50%	10%

第二组，对于节点数较多、难以获取有效数据的贝叶斯网络，仅用逻辑推理无法得到节点的先验概率和条件概率。由于缺乏必要的数据样本，人工价格指数贝叶斯网络模型的中间节点的相关数据难以获得，本文主要采用问卷调研的方式获得部分初始节点的先验概率和中间节点的条件概率表。为了获得人工价格指数贝叶斯网络的 CPT，对影响人工价格因素的先验概率和条件概率进行定量调查，通过结构性问卷调查的方法来获取相关数据。进行调研前，由笔者先对问卷的设计、需要的信息和问卷的填写方法进行统一说明。

1）问卷设计

针对人工价格变化的影响因素设计调查问卷，将调查对象的范围规定在具有 5 年以上工作经验的建设项目业主、施工单位、监理单位、咨询机构、高校相关专业等领域的专业人士。问卷设计时为了使专家对概率和不确定时间发生可能性的表述理解统一，需要对节点状态进行统一说明。在本文模型中，采用知识经验给定因素层的初始节点和中间节点 3 个状态，分别用阿拉伯数字用 5、4、3、2、1 分别表示大幅增加、小幅增加、持平、小幅减少和大幅减少。采用这种分级制是由于本文大部分选用宏观因素，无法对宏观因素的变化做出比较准确的判断，并且用于模型构造的数据量比较多，节点状态划分多，需要数据多的缘故。

2）问卷发放

本次问卷通过调查派网站进行制作完成，并通过网络进行发放和回收，通过网络发放问卷可以大大延伸问卷的数据来源范围，节约问卷的发放与回收时间。

3）问卷调查的内容

本问卷主要对政府投资项目不确定性因素的影响程度进行定量调查，设计了相应的研究变量。概率的提问形式和节点条件概率表一致，本文关于贝叶斯网络中初始节点和中间节点的有关概率分布的问卷形式可用表 7-32 表示。

表 7-32　中间节点 C 的条件概率表

	A	1			2			3		
	B	1	2	3	1	2	3	1	2	3
C	1									
	2									
	3									

4）问卷回收

剔除了存在连续雷同答案和人为固定模式答案的问卷后，共取得有效问卷 127 份。被调查对象 168 人，其中具有 5 至 8 年经验的 112 人，占 66.67%。具有 9 至 15 年工作经验的 46 人，占 27.38%，15 年以上的 10 人，占 5.95%。

根据回收得到的问卷数据，对问卷的数据进行统计，用均值法求出每个节点状态对应的概率，可以得出如下表所示的概率表。表 5-33～表 5-40 是与人工价格相关节点的条件概率表。

表 7-33　施工管理水平的条件概率 CPT（F4/F10）

F10	P（F4=1）	P（F4=2）	P（F4=3）
1	0.9	0.1	0
2	0.1	0.8	0.1
3	0	0.2	0.8

表 7-34　施工技术水平的条件概率 CPT（F7/F10）

F10	P（F7=1）	P（F7=2）	P（F7=3）
1	0.9	0.1	0
2	0.1	0.8	0.1
3	0	0.2	0.8

表 7-35　工期合理程度的条件概率 CPT（F8/F11）

F11	P（F8=1）	P（F8=2）	P（F8=3）
1	0.7	0.2	0.1
2	0.25	0.5	0.25
3	0	0.1	0.9

表 7-36　业主原因调整工期的条件概率 CPT（F9/F11）

F11	P（F9=1）	P（F9=2）	P（F9=3）	P（F9=4）
1	0	0	0.1	0.9
2	0.4	0.4	0.2	0
3	0.9	0.1	0	0

表 7-37　不合理窝工的条件概率　CPT（F1/F4；F5）

F4	F5	P（F1=1）	P（F1=2）	P（F1=3）	P（F1=4）
1	1	0.5	0.5	0	0
2	1	0.7	0.3	0	0
3	1	1.0	0	0	0
1	2	0.2	0.5	0.3	0

F4	F5	P（F1=1）	P（F1=2）	P（F1=3）	P（F1=4）
2	2	0.5	0.5	0	0
3	2	0.8	0.2	0	0
1	3	0	0	0	1.0
2	3	0	0.2	0.3	0.5
3	3	0.5	0.5	0	0

表 7-38 质量不合格返工的条件概率 CPT（F2/F5；F6；F7）

F5	F6	F7	P（F2=1）	P（F2=2）	P（F2=3）	P（F2=4）
1	1	1	0.7	0.3	0	0
2	1	1	0.3	0.6	0.1	0
3	1	1	0	0.4	0.5	0.1
1	1	2	0.9	0.1	0	0
2	1	2	0.5	0.5	0	0
3	1	2	0	0.4	0.5	0.1
1	1	3	1.0	0	0	0
2	1	3	0.8	0.2	0	0
3	1	3	0.4	0.4	0.2	0
1	2	1	0.4	0.5	0.1	0
2	2	1	0.1	0.4	0.3	0.2
3	2	1	0	0.1	0.3	0.6
1	2	2	0.7	0.3	0	0
2	2	2	0.2	0.6	0.2	0
3	2	2	0.1	0.3	0.4	0.2
1	2	3	0.8	0.2	0	0
2	2	3	0.6	0.3	0.1	0
3	2	3	0.3	0.3	0.3	0.1

F5	F6	F7	P（F2=1）	P（F2=2）	P（F2=3）	P（F2=4）
1	3	1	0.4	0.4	0.2	0
2	3	1	0	0.1	0.2	0.7
3	3	1	0	0	0	1.0
1	3	2	0.6	0.4	0	0
2	3	2	0.2	0.4	0.3	0.1
3	3	2	0	0.2	0.4	0.4
1	3	3	0.8	0.2	0	0
2	3	3	0.4	0.3	0.3	0
3	3	3	0.2	0.2	0.3	0.3

表 7-39　工期滞后赶工的条件概率　CPT（F3/F8；F9）

F8	F9	P（F3=1）	P（F3=2）	P（F3=3）	P（F3=4）
1	1	0.4	0.4	0.2	0
2	1	0.6	0.4	0	0
3	1	1.0	0	0	0
1	2	0.2	0.4	0.3	0.1
2	2	0.3	0.4	0.3	0
3	2	0.5	0.4	0.1	0
1	3	0	0.4	0.4	0.2
2	3	0	0.2	0.4	0.4
3	3	0.2	0.4	0.2	0.2
1	4	0	0	0	1.0
2	4	0.1	0.4	0.3	0.2
3	4	0	0.2	0.4	0.4

表 7-40　人工消耗量的条件概率　CPT（F0/F1；F2；F3）

F1	F2	F3	P（F0=1）	P（F0=2）	P（F0=3）	P（F0=4）	P（F0=5）
1	1	1	1.0	0	0	0	0
2	1	1	0.8	0.2	0	0	0
3	1	1	0.5	0.5	0	0	0
4	1	1	0.3	0.4	0.3	0	0
1	1	2	0.8	0.2	0	0	0
2	1	2	0.5	0.5	0	0	0
3	1	2	0.3	0.4	0.3	0	0
4	1	2	0	0.2	0.4	0.3	0.1
1	1	3	0.5	0.5	0	0	0
2	1	3	0.3	0.4	0.3	0	0
3	1	3	0	0.2	0.4	0.3	0.1
4	1	3	0	0	0.3	0.4	0.3
1	1	4	0.3	0.4	0.3	0	0
2	1	4	0	0.2	0.4	0.3	0.1
3	1	4	0	0	0.3	0.4	0.3
4	1	4	0	0	0.2	0.3	0.5
1	2	1	0.8	0.2	0	0	0
2	2	1	0.1	0.4	0.3	0.2	0
3	2	1	0.3	0.4	0.3	0	0
4	2	1	0	0.2	0.4	0.3	0.1
1	2	2	0.5	0.5	0	0	0
2	2	2	0.3	0.4	0.3	0	0
3	2	2	0	0.2	0.4	0.3	0.1

F1	F2	F3	P（F0=1）	P（F0=2）	P（F0=3）	P（F0=4）	P（F0=5）
4	2	2	0	0	0.3	0.4	0.3
1	2	3	0.1	0.4	0.3	0.2	0
2	2	3	0	0.2	0.4	0.3	0.1
3	2	3	0	0	0.3	0.4	0.3
4	2	3	0	0	0.2	0.3	0.5
1	2	4	0	0.2	0.4	0.3	0.1
2	2	4	0	0	0.3	0.4	0.3
3	2	4	0	0	0.2	0.3	0.5
4	2	4	0	0	0.1	0.2	0.7
1	3	1	0.5	0.5	0	0	0
2	3	1	0.1	0.4	0.3	0.2	0
3	3	1	0	0.2	0.4	0.3	0.1
4	3	1	0	0	0.3	0.4	0.3
1	3	2	0.3	0.4	0.3	0	0
2	3	2	0	0.2	0.4	0.3	0.1
3	3	2	0	0	0.3	0.4	0.3
4	3	2	0	0	0.2	0.3	0.5
1	3	3	0	0.2	0.4	0.3	0.1
2	3	3	0	0	0.3	0.4	0.3
3	3	3	0	0	0.2	0.3	0.5
4	3	3	0	0	0.1	0.2	0.7
1	3	4	0	0	0.3	0.4	0.3
2	3	4	0	0	0.2	0.3	0.5

F1	F2	F3	P（F0=1）	P（F0=2）	P（F0=3）	P（F0=4）	P（F0=5）
3	3	4	0	0	0.1	0.2	0.7
4	3	4	0	0	0	0.1	0.9
1	4	1	0.3	0.4	0.3	0	0
2	4	1	0	0.2	0.4	0.3	0.1
3	4	1	0	0	0.3	0.4	0.3
4	4	1	0	0	0.2	0.3	0.5
1	4	2	0	0.2	0.4	0.3	0.1
2	4	2	0	0	0.3	0.4	0.3
3	4	2	0	0	0.2	0.3	0.5
4	4	2	0	0	0.1	0.2	0.7
1	4	3	0	0	0.3	0.4	0.3
2	4	3	0	0	0.2	0.3	0.5
3	4	3	0	0	0.1	0.2	0.7
4	4	3	0	0	0	0.1	0.9
1	4	4	0	0	0.2	0.3	0.5
2	4	4	0	0	0.1	0.2	0.7
3	4	4	0	0	0	0.1	0.9
4	4	4	0	0	0	0	1.0

4. 人工费价格指数预测贝叶斯网络模型的构建

在获得贝叶斯网络的结构以及各节点的条件概率之后，可以利用贝叶斯网分析软件包 NETICA 构建贝叶斯网络模型如图 7-8 所示。

利用图 7-8 所示的贝叶斯网络模型，可以预测不同初始条件下，人工消耗量指数的变化趋势。

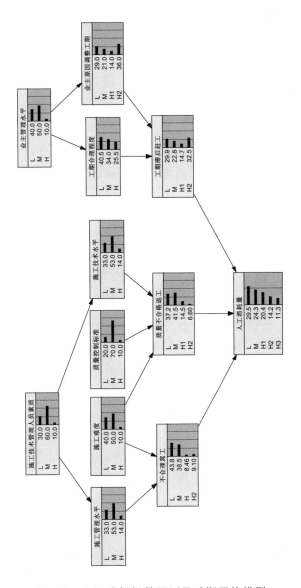

图 7-8 人工消耗指数预测贝叶斯网络模型

7.2.2　材料消耗量指数预测模型

1. 贝叶斯网络模型结构的确定

根据上节阐述的模型建立步骤，首先确定节点内容和节点类型。贝叶斯网络由节点组成，不同节点对应着不同的影响事件。节点类型包括：目标节点，标识待求解的目标，其经过推理后的后验概率作为决策的依据；证据节点，标识已知条件，即这些变量的取值能够被观察或检测到，然后输入贝叶斯网作为推理的前提条件；中间节点，除目标节点和证据节点之外的所有节点。

其次确定节点关系。确定了节点内容后，需要按照一定的方法，确定各节点之间的关系，从而进行贝叶斯网络推理。在第 3 章建立的指标体系所确定的影响因素以及第 4 章确定的网络结构基础上，根据构建贝叶斯网络的需要，对部分影响因素进行调整，使得影响因素可以作为节点直接应用。调整原则：用带有变化的词语表示原有因素；为了更好地表达因素间的关系，增加和删减个别因素。调整后的贝叶斯网络模型结构如图 7-9 所示。

2. 贝叶斯网络模型节点的定义

影响材料消耗量的贝叶斯网络模型节点包括：材料的无效消耗、质量不合格返工消耗、施工管理水平、施工难度、质量控制标准、施工技术水平、施工技术管理人员素质等。节点状态的确定可以根据专家的先验经验知识获得，也可以根据节点数据本身的特点进行分析获得。综合上述两种方式，确定本文贝叶斯网络结构学习模型的节点状态为离散型，根据各节点的状态以及本项研究数据的可得性，各节点状态均划分为 3 ~ 5 个层级，模型中各节点状态描述如表 7-41 所示。

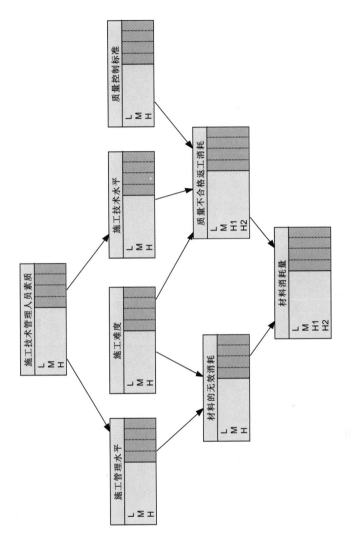

图 7-9　材料价格指数贝叶斯网络模型结构

表 7-41　人工价格指数模型节点状态

序号	代码	因素	因素分层	分层状态
1	F0	材料消耗量指数	降低\维持\小幅上升\中幅上升\大幅上升	<0.95\0.95-1.05\1.05-1.2\1.2-1.5\>1.5
2	F1	材料的无效消耗	很少\一般\严重\很严重	0.95-1.05\1.05-1.2\1.2-1.5\>1.5
3	F2	质量不合格返工消耗	很少\一般\严重\很严重	0.95-1.05\1.05-1.2\1.2-1.5\>1.5
4	F3	施工管理水平	低\一般\高	字面意义
5	F4	施工难度	低\一般\高	字面意义
6	F5	质量控制标准	低\一般\高	字面意义
7	F6	施工技术水平	低\一般\高	字面意义
8	F7	施工技术管理人员素质	低\一般\高	字面意义

3. 贝叶斯网络模型节点条件概率的获取

构建贝叶斯网络之后，下一个步骤是确定节点对应的有条件和无条件概率分布。贝叶斯网络的节点分为两类：一类是与其父节点之间存在直接的逻辑"与"或者逻辑"或"的关系，当其父节点发生或不发生时，该子节点发生的可能性可直接判断为 0%或 100%，即发生或者不发生，称之为 M 类节点，M 类节点的 CPT 可以直接通过逻辑分析得到，这种情况一般描述一个父节点对应一个或多个子节点；另一类是其父节点的综合作用导致该节点的发生，当其父节点发生或不发生时，该子节点发生的可能性的区间为[0%，100%]，称之为 N 类节点，N 类节点的 CPT 需要通过数据训练或者根据专家经验给出，这种情况一般描述多个父节点对应一个或多个子节点。这两类节点在贝叶斯网络结构中的表现形式相同，都是用逻辑连线联系起来的，但其内部逻辑关系及 CPT 存在区别。

对初始节点可以采用大量数据对贝叶斯网络进行训练。本文中的初始节点包括：施工技术管理人员素质、施工难度、质量控制标准，这四个初始节点的先验概率如表 7-42 所示。

表 7-42　初始节点先验概率表

初始节点	先验概率		
	1	2	3
施工技术管理人员素质	30%	60%	10%
施工难度	40%	50%	10%
质量控制标准	20%	70%	10%

第二组，对于节点数较多、难以获取有效数据的贝叶斯网络，仅用逻辑推理无法得到节点的先验概率和条件概率。由于缺乏必要的数据样本，人工价格指数贝叶斯网络模型的中间节点的相关数据难以获得，本文主要采用问卷调研的方式获得部分初始节点的先验概率和中间节点的条件概率表。为了获得人工价格指数贝叶斯网络的 CPT，对影响人工价格因素的先验概率和条件概率进行定量调查，通过结构性问卷调查的方法来获取相关数据。

根据回收得到的问卷数据，对问卷的数据进行统计，用均值法求出每个节点状态对应的概率，可以得出如下表所示的概率表。表 7-43 ~ 表 7-47 是与人工价格相关节点的条件概率表。

表 7-43　施工管理水平的条件概率 CPT（F3/F7）

F7	P（F3=1）	P（F3=2）	P（F3=3）
1	0.9	0.1	0
2	0.1	0.8	0.1
3	0	0.2	0.8

表 7-44　施工技术水平的条件概率 CPT（F6/F7）

F7	P（F6=1）	P（F6=2）	P（F6=3）
1	0.9	0.1	0
2	0.1	0.8	0.1
3	0	0.2	0.8

表 7-45　材料的无效消耗的条件概率　CPT（F1/F3；F4）

F3	F4	P（F1=1）	P（F1=2）	P（F1=3）	P（F1=4）
1	1	0.5	0.5	0	0
2	1	0.7	0.3	0	0
3	1	1.0	0	0	0
1	2	0.2	0.5	0.3	0
2	2	0.5	0.5	0	0
3	2	0.8	0.2	0	0
1	3	0	0	0	1.0
2	3	0	0.2	0.3	0.5
3	3	0.5	0.5	0	0

表 7-46　质量不合格返工消耗的条件概率　CPT（F2/F4；F5；F6）

F4	F5	F6	P（F2=1）	P（F2=2）	P（F2=3）	P（F2=4）
1	1	1	0.7	0.3	0	0
2	1	1	0.3	0.6	0.1	0
3	1	1	0	0.4	0.5	0.1
1	1	2	0.9	0.1	0	0
2	1	2	0.5	0.5	0	0
3	1	2	0	0.4	0.5	0.1
1	1	3	1.0	0	0	0
2	1	3	0.8	0.2	0	0
3	1	3	0.4	0.4	0.2	0
1	2	1	0.4	0.5	0.1	0
2	2	1	0.1	0.4	0.3	0.2
3	2	1	0	0.1	0.3	0.6
1	2	2	0.7	0.3	0	0
2	2	2	0.2	0.6	0.2	0

F4	F5	F6	P（F2=1）	P（F2=2）	P（F2=3）	P（F2=4）
3	2	2	0.1	0.3	0.4	0.2
1	2	3	0.8	0.2	0	0
2	2	3	0.6	0.3	0.1	0
3	2	3	0.3	0.3	0.3	0.1
1	3	1	0.4	0.4	0.2	0
2	3	1	0	0.1	0.2	0.7
3	3	1	0	0	0	1.0
1	3	2	0.6	0.4	0	0
2	3	2	0.2	0.4	0.3	0.1
3	3	2	0	0.2	0.4	0.4
1	3	3	0.8	0.2	0	0
2	3	3	0.4	0.3	0.3	0
3	3	3	0.2	0.2	0.3	0.3

表 7-47　材料消耗量的条件概率　CPT（F0/F1，F2）

F1	F2	P（F0=1）	P（F0=2）	P（F0=3）	P（F0=4）	P（F0=5）
1	1	1.0	0	0	0	0
2	1	0.8	0.2	0	0	0
3	1	0.5	0.5	0	0	0
4	1	0.3	0.4	0.3	0	0
1	2	0.8	0.2	0	0	0
2	2	0.1	0.4	0.3	0.2	0
3	2	0.3	0.4	0.3	0	0
4	2	0	0.2	0.4	0.3	0.1
1	3	0.5	0.5	0	0	0
2	3	0.1	0.4	0.3	0.2	0

F1	F2	P（F0=1）	P（F0=2）	P（F0=3）	P（F0=4）	P（F0=5）
3	3	0	0.2	0.4	0.3	0.1
4	3	0	0	0.3	0.4	0.3
1	4	0	0	0.2	0.3	0.5
2	4	0	0	0.1	0.2	0.7
3	4	0	0	0	0.1	0.9
4	4	0	0	0	0	1.0

4. 人工费价格指数预测贝叶斯网络模型的构建

在获得贝叶斯网络的结构以及各节点的条件概率之后，可以利用贝叶斯网分析软件包 NETICA 构建贝叶斯网络模型如图 7-10 所示。

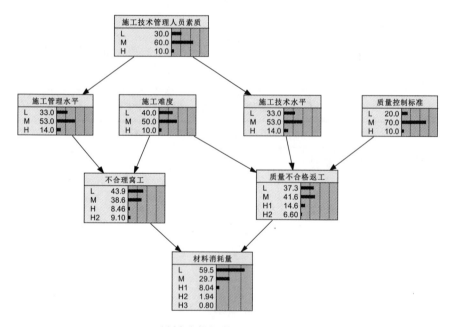

图 7-10　材料消耗指数预测贝叶斯网络模型

利用图 7-10 所示的贝叶斯网络模型，可以预测不同初始条件下，材料消耗量指数的变化趋势。

7.2.3 机械台班消耗量指数预测模型

1. 贝叶斯网络模型结构的确定

根据上节阐述的模型建立步骤，首先确定节点内容和节点类型。贝叶斯网络由节点组成，不同节点对应着不同的影响事件。节点类型包括：目标节点，标识待求解的目标，其经过推理后的后验概率作为决策的依据；证据节点，标识已知条件，即这些变量的取值能够被观察或检测到，然后输入贝叶斯网作为推理的前提条件；中间节点，除目标节点和证据节点之外的所有节点。

其次确定节点关系。确定了节点内容后，需要按照一定的方法，确定各节点之间的关系，从而进行贝叶斯网络推理。在第三章建立的指标体系所确定的影响因素以及第四章确定的网络结构基础上，根据构建贝叶斯网络的需要，对部分影响因素进行调整，使得影响因素可以作为节点直接应用。调整原则：用带有变化的词语表示原有因素；为了更好地表达因素间的关系，增加和删减个别因素。调整后的贝叶斯网络模型结构如图 7-11 所示。

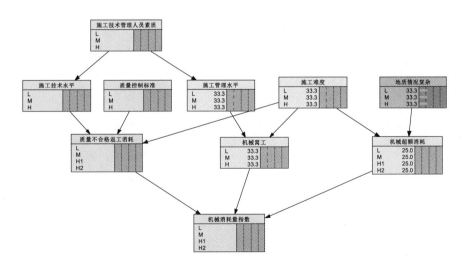

图 7-11　机械台班消耗指数贝叶斯网络模型结构

2. 贝叶斯网络模型节点的定义

影响机械台班消耗量的贝叶斯网络模型节点包括：材料的无效消耗、质量不合格返工消耗、施工管理水平、施工难度、质量控制标准、施工技术水平、施工技术管理人员素质等。节点状态的确定可以根据专家的先验经验知识获得，也可以根据节点数据本身的特点进行分析获得。综合上述两种方式，确定本文贝叶斯网络结构学习模型的节点状态为离散型，根据各节点的状态以及本项研究数据的可得性，各节点状态均划分为 3 ~ 5 个层级，模型中各节点状态描述如表 7-48 所示。

表 7-48　人工价格指数模型节点状态表

序号	代码	因素	因素分层	分层状态
1	F0	机械台班消耗量指数	降低\维持\小幅上升\中幅上升\大幅上升	<0.95\0.95-1.05\1.05-1.2\1.2-1.5\>1.5
2	F1	机械窝工消耗	很少\一般\严重\很严重	0.95-1.05\1.05-1.2\1.2-1.5\>1.5
3	F2	质量不合格返工消耗	很少\一般\严重\很严重	0.95-1.05\1.05-1.2\1.2-1.5\>1.5
4	F3	机械超额消耗	很少\一般\严重\很严重	0.95-1.05\1.05-1.2\1.2-1.5\>1.5
5	F4	施工管理水平	低\一般\高	字面意义
6	F5	施工难度	低\一般\高	字面意义
7	F6	质量控制标准	低\一般\高	字面意义
8	F7	施工技术水平	低\一般\高	字面意义
9	F8	地质情况复杂程度	低\一般\高	字面意义
10	F9	施工技术管理人员素质	低\一般\高	字面意义

3. 贝叶斯网络模型节点条件概率的获取

构建贝叶斯网络之后，下一个步骤是确定节点对应的有条件和无条件概率分布。贝叶斯网络的节点分为两类：一类是与其父节点之间存在直接的逻辑"与"或者逻辑"或"的关系，当其父节点发生或不发生时，该子节点发生的可能性可直接判断为 0%或 100%，即发生或者不发生，称之为 M 类节点，M 类节点的 CPT 可以直接通过逻辑分析得到，这种情况一般描述一个父节点对应一个或多个子节点；另一类是其父节点的综合作用导致该节点的发生，当其父节点发生或不发生时，该子节点发生的可能性的区间为[0%，100%]，称之为 N 类节点，N 类节点的 CPT 需要通过数据训练或者根据专家经验给出，这种情况一般描述多个父节点对应一个或多个子节点。这两类节点在贝叶斯网络结构中的表现形式相同，都是用逻辑连线联系起来的，但其内部逻辑关系及 CPT 存在区别。

对初始节点可以采用大量数据对贝叶斯网络进行训练。本文中的初始节点包括：施工技术管理人员素质、施工难度、质量控制标准，这四个初始节点的先验概率如表 7-49 所示。

表 7-49　初始节点先验概率表

初始节点	先验概率		
	1	2	3
施工技术管理人员素质	30%	60%	10%
施工难度	40%	50%	10%
地质情况复杂程度	40%	50%	10%
质量控制标准	20%	70%	10%

第二组，对于节点数较多、难以获取有效数据的贝叶斯网络，仅用逻辑推理无法得到节点的先验概率和条件概率。由于缺乏必要的数据样本，人工价格指数贝叶斯网络模型的中间节点的相关数据难以获得，本文主要采用问卷调研的方式获得部分初始节点的先验概率和中间节点的条件概率表。为了获得人工价格指数贝叶斯网络的 CPT，对影响人工价格因素的先验概率和条件概率进行定量调查，通过结构性问卷调查的方

法来获取相关数据。

　　根据回收得到的问卷数据，对问卷的数据进行统计，用均值法求出每个节点状态对应的概率，可以得出如下表所示的概率表。表 7-50 ~ 表 7-56 是与人工价格相关节点的条件概率表。

表 7-50　施工管理水平的条件概率 CPT（F4/F9）

F9	P（F4=1）	P（F4=2）	P（F4=3）
1	0.9	0.1	0
2	0.1	0.8	0.1
3	0	0.2	0.8

表 7-51　施工技术水平的条件概率 CPT（F7/F9）

F9	P（F7=1）	P（F7=2）	P（F7=3）
1	0.9	0.1	0
2	0.1	0.8	0.1
3	0	0.2	0.8

表 7-52　机械窝工的条件概率　CPT（F1/F5；F7）

F5	F7	P（F1=1）	P（F1=2）	P（F1=3）	P（F1=4）
1	1	0.5	0.5	0	0
2	1	0.7	0.3	0	0
3	1	1.0	0	0	0
1	2	0.2	0.5	0.3	0
2	2	0.5	0.5	0	0
3	2	0.8	0.2	0	0
1	3	0	0	0	1.0
2	3	0	0.2	0.3	0.5
3	3	0.5	0.5	0	0

表 7-53　质量不合格返工消耗的条件概率　CPT（F2/F5；F6；F7）

F5	F6	F7	P（F2=1）	P（F2=2）	P（F2=3）	P（F2=4）
1	1	1	0.7	0.3	0	0
2	1	1	0.3	0.6	0.1	0
3	1	1	0	0.4	0.5	0.1
1	1	2	0.9	0.1	0	0
2	1	2	0.5	0.5	0	0
3	1	2	0	0.4	0.5	0.1
1	1	3	1.0	0	0	0
2	1	3	0.8	0.2	0	0
3	1	3	0.4	0.4	0.2	0
1	2	1	0.4	0.5	0.1	0
2	2	1	0.1	0.4	0.3	0.2
3	2	1	0	0.1	0.3	0.6
1	2	2	0.7	0.3	0	0
2	2	2	0.2	0.6	0.2	0
3	2	2	0.1	0.3	0.4	0.2
1	2	3	0.8	0.2	0	0
2	2	3	0.6	0.3	0.1	0
3	2	3	0.3	0.3	0.3	0.1
1	3	1	0.4	0.4	0.2	0
2	3	1	0	0.1	0.2	0.7
3	3	1	0	0	0	1.0
1	3	2	0.6	0.4	0	0
2	3	2	0.2	0.4	0.3	0.1
3	3	2	0	0.2	0.4	0.4
1	3	3	0.8	0.2	0	0
2	3	3	0.4	0.3	0.3	0
3	3	3	0.2	0.2	0.3	0.3

表 7-54　机械超额消耗的条件概率　CPT（F3/F5；F8）

F5	F8	P（F3=1）	P（F3=2）	P（F3=3）	P（F3=4）
1	1	0.4	0.4	0.2	0
2	1	0.6	0.4	0	0
3	1	1.0	0	0	0
1	2	0.2	0.4	0.3	0.1
2	2	0.3	0.4	0.3	0
3	2	0.5	0.4	0.1	0
1	3	0	0.4	0.4	0.2
2	3	0	0.2	0.4	0.4
3	3	0.2	0.4	0.2	0.2
1	4	0	0	0	1.0
2	4	0.1	0.4	0.3	0.2
3	4	0	0.2	0.4	0.4

表 7-55　机械台班消耗量的条件概率　CPT（F0/F1；F2；F3）

F1	F2	F3	P（F0=1）	P（F0=2）	P（F0=3）	P（F0=4）	P（F0=5）
1	1	1	1.0	0	0	0	0
2	1	1	0.8	0.2	0	0	0
3	1	1	0.5	0.5	0	0	0
4	1	1	0.3	0.4	0.3	0	0
1	1	2	0.8	0.2	0	0	0
2	1	2	0.5	0.5	0	0	0
3	1	2	0.3	0.4	0.3	0	0
4	1	2	0	0.2	0.4	0.3	0.1
1	1	3	0.5	0.5	0	0	0
2	1	3	0.3	0.4	0.3	0	0
3	1	3	0	0.2	0.4	0.3	0.1

F1	F2	F3	P（F0=1）	P（F0=2）	P（F0=3）	P（F0=4）	P（F0=5）
4	1	3	0	0	0.3	0.4	0.3
1	1	4	0.3	0.4	0.3	0	0
2	1	4	0	0.2	0.4	0.3	0.1
3	1	4	0	0	0.3	0.4	0.3
4	1	4	0	0	0.2	0.3	0.5
1	2	1	0.8	0.2	0	0	0
2	2	1	0.1	0.4	0.3	0.2	0
3	2	1	0.3	0.4	0.3	0	0
4	2	1	0	0.2	0.4	0.3	0.1
1	2	2	0.5	0.5	0	0	0
2	2	2	0.3	0.4	0.3	0	0
3	2	2	0	0.2	0.4	0.3	0.1
4	2	2	0	0	0.3	0.4	0.3
1	2	3	0.1	0.4	0.3	0.2	0
2	2	3	0	0.2	0.4	0.3	0.1
3	2	3	0	0	0.3	0.4	0.3
4	2	3	0	0	0.2	0.3	0.5
1	2	4	0	0.2	0.4	0.3	0.1
2	2	4	0	0	0.3	0.4	0.3
3	2	4	0	0	0.2	0.3	0.5
4	2	4	0	0	0.1	0.2	0.7
1	3	1	0.5	0.5	0	0	0
2	3	1	0.1	0.4	0.3	0.2	0
3	3	1	0	0.2	0.4	0.3	0.1
4	3	1	0	0	0.3	0.4	0.3

F1	F2	F3	P（F0=1）	P（F0=2）	P（F0=3）	P（F0=4）	P（F0=5）
1	3	2	0.3	0.4	0.3	0	0
2	3	2	0	0.2	0.4	0.3	0.1
3	3	2	0	0	0.3	0.4	0.3
4	3	2	0	0	0.2	0.3	0.5
1	3	3	0	0.2	0.4	0.3	0.1
2	3	3	0	0	0.3	0.4	0.3
3	3	3	0	0	0.2	0.3	0.5
4	3	3	0	0	0.1	0.2	0.7
1	3	4	0	0	0.3	0.4	0.3
2	3	4	0	0	0.2	0.3	0.5
3	3	4	0	0	0.1	0.2	0.7
4	3	4	0	0	0	0.1	0.9
1	4	1	0.3	0.4	0.3	0	0
2	4	1	0	0.2	0.4	0.3	0.1
3	4	1	0	0	0.3	0.4	0.3
4	4	1	0	0	0.2	0.3	0.5
1	4	2	0	0.2	0.4	0.3	0.1
2	4	2	0	0	0.3	0.4	0.3
3	4	2	0	0	0.2	0.3	0.5
4	4	2	0	0	0.1	0.2	0.7
1	4	3	0	0	0.3	0.4	0.3
2	4	3	0	0	0.2	0.3	0.5
3	4	3	0	0	0.1	0.2	0.7
4	4	3	0	0	0	0.1	0.9
1	4	4	0	0	0.2	0.3	0.5
2	4	4	0	0	0.1	0.2	0.7
3	4	4	0	0	0	0.1	0.9
4	4	4	0	0	0	0	1.0

4. 机械台班消耗指数预测贝叶斯网络模型的构建

在获得贝叶斯网络的结构以及各节点的条件概率之后，可以利用贝叶斯网分析软件包 NETICA 构建贝叶斯网络模型如图 7-12 所示。

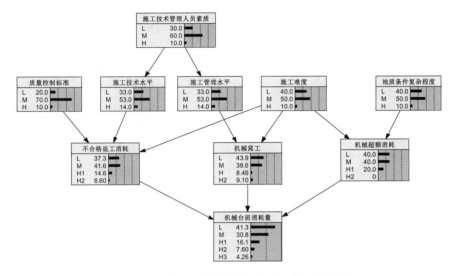

图 7-12 机械台班消耗指数预测贝叶斯网络模型

利用图 7-12 所示的贝叶斯网络模型，可以预测不同初始条件下，机械台班消耗量指数的变化趋势。

7.3 基于贝叶斯网络的征地拆迁造价指数预测模型

1. 贝叶斯网络模型结构的确定

根据上节阐述的模型建立步骤，首先确定节点内容和节点类型。贝叶斯网络由节点组成，不同节点对应着不同的影响事件。节点类型包括：目标节点，标识待求解的目标，其经过推理后的后验概率作为决策的依据；证据节点，标识已知条件，即这些变量的取值能够被观察或检测到，然后输入贝叶斯网作为推理的前提条件；中间节点，除目标节点和证据节点之外的所有节点。

其次确定节点关系。确定了节点内容后，需要按照一定的方法，确

定各节点之间的关系，从而进行贝叶斯网络推理。在第 3 章建立的指标
体系所确定的影响因素以及第 4 章确定的网络结构基础上，根据构建贝
叶斯网络的需要，对部分影响因素进行调整，使得影响因素可以作为节
点直接应用。调整原则：用带有变化的词语表示原有因素；为了更好地
表达因素间的关系，增加和删减个别因素。调整后的贝叶斯网络模型结
构如图 7-13 所示。

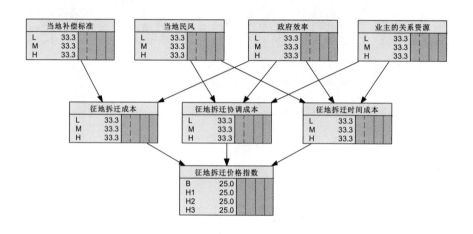

图 7-13　征地拆迁价格指数贝叶斯网络模型结构

2. 贝叶斯网络模型节点的定义

影响材料消耗量的贝叶斯网络模型节点包括：材料的无效消耗、质
量不合格返工消耗、施工管理水平、施工难度、质量控制标准、施工技
术水平、施工技术管理人员素质等。节点状态的确定可以根据专家的先
验经验知识获得，也可以根据节点数据本身的特点进行分析获得。综合
上述两种方式，确定本文贝叶斯网络结构学习模型的节点状态为离散型，
根据各节点的状态以及本项研究数据的可得性，各节点状态均划分为 3 ~
5 个层级，模型中各节点状态描述如表 7-56 所示。

表 7-56 人工价格指数模型节点状态

序号	代码	因素	因素分层	分层状态
1	F0	征地拆迁价格指数	标准量\第一级\第二级\第三级\	1.0\1.0-1.5\1.5-2.0\>2.0
2	F1	征地拆迁费用指数	低\一般\高	待量化
3	F2	协调费用指数	低\一般\高	待量化
4	F3	时间成本指数	低\一般\高	待量化
5	F4	当地补偿标准	低\一般\高	待量化
6	F5	当地民风	好\一般\差	待量化
7	F6	政府性效率	高\一般\低	待量化
8	F7	业主的关系资源	高\一般\低	待量化

3. 贝叶斯网络模型节点条件概率的获取

构建贝叶斯网络之后，下一个步骤是确定节点对应的有条件和无条件概率分布。贝叶斯网络的节点分为两类：一类是与其父节点之间存在直接的逻辑"与"或者逻辑"或"的关系，当其父节点发生或不发生时，该子节点发生的可能性可直接判断为0%或100%，即发生或者不发生，称之为M类节点，M类节点的CPT可以直接通过逻辑分析得到，这种情况一般描述一个父节点对应一个或多个子节点；另一类是其父节点的综合作用导致该节点的发生，当其父节点发生或不发生时，该子节点发生的可能性的区间为[0%，100%]，称之为N类节点，N类节点的CPT需要通过数据训练或者根据专家经验给出，这种情况一般描述多个父节点对应一个或多个子节点。这两类节点在贝叶斯网络结构中的表现形式相同，都是用逻辑连线联系起来的，但其内部逻辑关系及CPT存在区别。

对初始节点可以采用大量数据对贝叶斯网络进行训练。本文中的初始节点包括：当地征地拆迁补偿标准、当地民风、政府效率、业主的关系资源，由于数据缺失，这三个初始节点的先验概率难以得到，按照均匀分布进行预先设定如表7-57所示。

表 7-57　初始节点先验概率

初始节点	先验概率		
	1	2	3
补偿标准	33.33%	33.33%	33.33%
当地民风	33.33%	33.33%	33.33%
政府效率	33.33%	33.33%	33.33%
业主的关系资源	33.33%	33.33%	33.33%

第二组，对于节点数较多、难以获取有效数据的贝叶斯网络，仅用逻辑推理无法得到节点的先验概率和条件概率。由于缺乏必要的数据样本，人工价格指数贝叶斯网络模型的中间节点的相关数据难以获得，因此本文主要采用问卷调研的方式获得部分初始节点的先验概率和中间节点的条件概率表。为了获得人工价格指数贝叶斯网络的 CPT，对影响人工价格因素的先验概率和条件概率进行定量调查，通过结构性问卷调查的方法来获取相关数据。

根据回收得到的问卷数据，对问卷的数据进行统计，用均值法求出每个节点状态对应的概率，可以得出如下表所示的概率表。表 7-58~表 7-61 是与人工价格相关节点的条件概率表。

表 7-58　征地拆迁费用的条件概率 CPT（F1/F4；F6）

F4	F6	P（F1=1）	P（F1=2）	P（F1=3）
1	1	1.0	0	0
2	1	0.7	0	0
3	1	0.3	0.4	0.3
1	2	0.7	0	0
2	2	0.3	0.4	0.3
3	2	0	0.3	0.7
1	3	0.3	0.4	0.3
2	3	0	0.3	0.7
3	3	0	0	1.0

表 7-59　征地拆迁协调成本指数的条件概率　CPT（F2/F5；F6；F7）

F5	F6	F7	P（F2=1）	P（F2=2）	P（F2=3）
1	1	1	1	0	0
2	1	1	0.7	0.3	0
3	1	1	0.4	0.5	0.1
1	1	2	0.7	0.3	0
2	1	2	0.4	0.5	0.1
3	1	2	0.2	0.6	0.2
1	1	3	0.4	0.5	0.1
2	1	3	0.2	0.6	0.2
3	1	3	0.1	0.5	0.4
1	2	1	0.7	0.3	0
2	2	1	0.4	0.5	0.1
3	2	1	0.2	0.6	0.2
1	2	2	0.4	0.5	0.1
2	2	2	0.2	0.6	0.2
3	2	2	0.1	0.5	0.4
1	2	3	0.2	0.6	0.2
2	2	3	0.1	0.5	0.4
3	2	3	0	0.3	0.7
1	3	1	0.4	0.5	0.1
2	3	1	0.2	0.6	0.2
3	3	1	0.1	0.5	0.4
1	3	2	0.2	0.6	0.2
2	3	2	0.1	0.5	0.4
3	3	2	0	0.3	0.7
1	3	3	0.1	0.5	0.4
2	3	3	0	0.3	0.7
3	3	3	0	0	1

表 7-60　征地拆迁时间成本指数的条件概率　CPT（F3/F5；F6；F7）

F5	F6	F7	P（F3=1）	P（F3=2）	P（F3=3）
1	1	1	1	0	0
2	1	1	0.7	0.3	0
3	1	1	0.4	0.5	0.1
1	1	2	0.7	0.3	0
2	1	2	0.4	0.5	0.1
3	1	2	0.2	0.6	0.2
1	1	3	0.4	0.5	0.1
2	1	3	0.2	0.6	0.2
3	1	3	0.1	0.5	0.4
1	2	1	0.7	0.3	0
2	2	1	0.4	0.5	0.1
3	2	1	0.2	0.6	0.2
1	2	2	0.4	0.5	0.1
2	2	2	0.2	0.6	0.2
3	2	2	0.1	0.5	0.4
1	2	3	0.2	0.6	0.2
2	2	3	0.1	0.5	0.4
3	2	3	0	0.3	0.7
1	3	1	0.4	0.5	0.1
2	3	1	0.2	0.6	0.2
3	3	1	0.1	0.5	0.4
1	3	2	0.2	0.6	0.2
2	3	2	0.1	0.5	0.4
3	3	2	0	0.3	0.7
1	3	3	0.1	0.5	0.4
2	3	3	0	0.3	0.7
3	3	3	0	0	1

表 7-61　征地拆迁价格指数的条件概率　CPT（F0/F1，F2，F3）

F1	F2	F3	P（F0=1）	P（F0=2）	P（F0=3）	P（F0=4）
1	1	1	1.0	0	0	0
2	1	1	0.7	0.3	0	0
3	1	1	0.3	0.5	0.2	0
1	1	2	0.7	0.3	0	0
2	1	2	0.3	0.5	0.2	0
3	1	2	0.1	0.4	0.4	0.1
1	1	3	0.3	0.5	0.2	0
2	1	3	0.1	0.4	0.4	0.1
3	1	3	0	0.2	0.5	0.3
1	2	1	0.7	0.3	0	0
2	2	1	0.3	0.5	0.2	0
3	2	1	0.3	0.4	0.3	0
1	2	2	0.5	0.5	0	0
2	2	2	0.1	0.4	0.4	0.1
3	2	2	0	0.2	0.5	0.3
1	2	3	0.1	0.4	0.4	0.1
2	2	3	0	0.2	0.5	0.3
3	2	3	0	0	0.3	0.7
1	3	1	0.3	0.5	0.2	0
2	3	1	0.1	0.4	0.4	0.1
3	3	1	0	0.2	0.5	0.3
1	3	2	0.1	0.4	0.4	0.1
2	3	2	0	0.2	0.5	0.3
3	3	2	0	0	0.3	0.7
1	3	3	0	0.2	0.5	0.3
2	3	3	0	0	0.3	0.7
3	3	3	0	0	0	1

4. 征地拆迁价格指数预测贝叶斯网络模型的构建

在获得贝叶斯网络的结构以及各节点的条件概率之后，可以利用贝叶斯网分析软件包 NETICA 构建贝叶斯网络模型如图 7-14 所示。

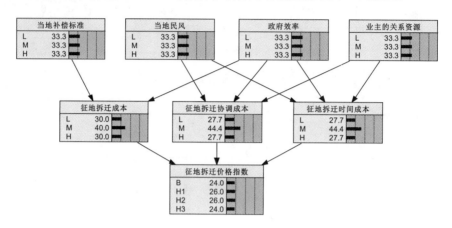

图 7-14　征地拆迁价格指数预测贝叶斯网络模型

利用图 7-14 所示的贝叶斯网络模型，可以预测不同初始条件下，材料消耗量指数的变化趋势。

7.4　基于贝叶斯网络的单位工程建安费指数预测模型

在构建单位工程建安工程费指数的预测时，需要按照系统工程的思想分析建安工程费变化的机理，构建贝叶斯网络模型。根据前面分析结果，导致建安工程费变化的因素可以分为三个大类：实体工程量、要素价格、要素消耗量。而单位工程的实体工程量又可以根据分部分项工程进行进一步的拆分，但这种细分方法牵涉到的因素十分的多，因此在本研究中就不再细分了。要素的价格根据前面的研究可以细分为人工费价格指数、材料费价格指数、机械费价格指数；人工费按照劳务工的工种可以进一步划分，材料费按照材料的种类不同也可以进一步分解，机械台班按照机械类型的不同也可进行细分，划分的层次越具体，预测的结构就越准确，然而分析计算的工作量以及所需要的样本数量也越多，受限于研究条件和研究周期，本研究中也不做进一步的划分。

1. 贝叶斯网络模型结构的确定

根据上节阐述的模型建立步骤，首先确定节点内容和节点类型。贝叶斯网络由节点组成，不同节点对应着不同的影响事件。节点类型包括：目标节点，标识待求解的目标，其经过推理后的后验概率作为决策的依据；证据节点，标识已知条件，即这些变量的取值能够被观察或检测到，然后输入贝叶斯网作为推理的前提条件；中间节点，除目标节点和证据节点之外的所有节点。

其次确定节点关系。确定了节点内容后，需要按照一定的方法，确定各节点之间的关系，从而进行贝叶斯网络推理。在第 3 章建立的指标体系所确定的影响因素以及第 4 章确定的网络结构基础上，根据构建贝叶斯网络的需要，对部分影响因素进行调整，使得影响因素可以作为节点直接应用。调整原则：用带有变化的词语表示原有因素；为了更好的表达因素间的关系，增加和删减个别因素。调整后的贝叶斯网络模型结构如图 7-15 所示。

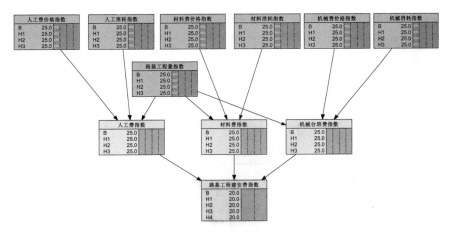

图 7-15　单位工程建安费指数贝叶斯网络模型结构

2. 贝叶斯网络模型节点的定义及条件概率的获取

图 7-16 中各初始节点不仅经在前面进行了定义，而且都是之前模型中的目标节点，各节点的条件概率可以在各自的预测模型中根据各自不同的初始条件进行推算求得，再将这些目标节点的概率作为初始概率带

入图 7-15 中的贝叶斯网络模型中即可进行下一步的求解。需要求解的节点条件概率为人工费指数、材料费指数、机械费指数等，部分条件概率如表 7-63、表 7-64 所示

表 7-63　人工费指数的条件概率

L	G	J	B	H1	H2	H3
B	B	B	100	0	0	0
B	B	H1	80	20	0	0
B	B	H2	50	50	0	0
B	B	H3	30	40	30	0
B	H1	B	80	20	0	0
B	H1	H1	50	50	0	0
B	H1	H2	30	40	30	0
B	H1	H3	10	40	40	10
B	H2	B	50	50	0	0
B	H2	H1	30	40	30	0
B	H2	H2	10	40	40	10
B	H2	H3	0	50	50	0
B	H3	B	30	40	30	0
B	H3	H1	10	40	40	10
B	H3	H2	0	50	50	0
B	H3	H3	0	30	40	30

表 7-64　标准段建安费指数的条件概率

M	N	Q	B	H1	H2	H3	H4
B	B	B	100	0	0	0	0
B	B	H1	70	30	0	0	0
B	B	H2	40	40	20	0	0
B	B	H3	0	50	50	0	0
B	H1	B	70	30	0	0	0
B	H1	H1	40	40	20	0	0

M	N	Q	B	H1	H2	H3	H4
B	H1	H2	0	50	50	0	0
B	H1	H3	0	30	40	30	0
B	H2	B	40	40	20	0	0
B	H2	H1	0	50	50	0	0
B	H2	H2	0	30	40	30	0
B	H2	H3	0	0	50	50	0
B	H3	B	0	50	50	0	0
B	H3	H1	0	30	40	30	0
B	H3	H2	0	0	50	50	0
B	H3	H3	0	0	20	40	40
H1	B	B	70	30	0	0	0

3. 单位工程建安费指数数预测贝叶斯叶斯网络模型的构建

在在获得贝叶斯网络的结构以及各节点的条件概率之后，可以利用贝叶斯网分析软件包 NETICA 构建贝叶斯网络模型。利用贝叶斯网络模型，可以预测不同初始条件下，材料消耗量指数的变化趋势。

8

基于贝叶斯网络的造价指数预测模型的应用研究

贝叶斯网络是一种适应性很强的不确定推理方法，贝叶斯网络方法的不确定性表示保持了概率的表示方式，贝叶斯网络最常用的领域是用于自上而下的因果推理。即根据原因来推知结论的推理方式，已知一定的原因或者证据，使用贝叶斯网络推理计算，求出在此原因下事件发生的概率。下面就以某城市地下综合管廊工程为例，来说明本研究开发的造价指数贝叶斯网络模型在这方面所具有的功能及运用方式。

8.1 工程的初始条件

在运用贝叶斯网络模型进行推理时，主要是原因要素的已知信息或者证据为基础，对结果要素进行推导。在推导所需的各类原因信息或者证据信息中，有一部分信息是完全已知的，可以用一个确定的量或者某种确定的判断来表示；另有一部分原因信息是属于还不大确定的，这部分信息则需要用概率的形式来表示。

8.1.1 工程概况

某市市地处云南省西部，根据综合管廊专项规划、城区综合管廊建设项目可行性研究报告，该市需要在西二环设置干线管廊，布设于拟建西二环道路工程中间隔离绿化带下部，起点位于华江小区西侧农田内，止点至幸福豪庭小区北东侧约 320 m 农田中，地貌属构造运动形成的陆相沉积盆地，地势北东高南西低，地形平缓，地面标高介于 883.13 ~ 889.06 m，最高点位于拟建工程场地北东的终点段，最低点位于拟建工程场地南西的起点段，高差约 5.93 m。工程为新建项目，大部分线路区位于农田内，少部分线路区沿城市周边小区外侧经过，与多条规划道路连接，线路两侧大多以农田为主，灌溉沟渠及数条河流错落分布于田间。据调查，沿线及周边无地下管网、线通过，线路区内及周边环境相对简单。

本段地质状况为：拟建场地位于中心城区，为Ⅱ类场地，基本地震动峰值加速度为 0.30 g，基本地震加速度动反应谱特征周期为 0.45 s，对应的地震基本烈度为Ⅷ度。抗震设防烈度为 8 度，设计基本地震加速度值为 0.30 g，设计地震分组为第三组。综合管廊属于城市生命线工程，根据国家有关标准，划数为重点设防类（简称乙类）构筑物。拟建场、经过工程地质测绘、钻探等手段的勘测和已有资料综合分析判断，拟建场地内未发现对拟建场地有影响的断裂构造，地势较为平缓，无滑坡、崩塌和泥石流等地质灾害。场地整体稳定，适宜建筑。

管廊尺寸：综合管廊的断面尺寸，根据各管线入廊后分别所需的空间、维护及管理通道、作业空间以及照明、通风、排水、消防等设施所需空间，考虑各特殊部位结构形式、分支走向等配置，并考虑设置地点的地质状况、沿线状况、交通等施工条件，以及下水道等其他地下埋设物以及周围建设物等条件，做综合分析论证后决定经济合理的断面。该综合管廊属于干线管廊，管廊为三舱（综合舱、电力舱和燃气舱）形式，管廊断面净尺寸：$B \times H$ = 3.9 m × 3.1 m + 2.5 m × 3.1 m + 1.65 m × 3.1 m。

8.1.2 外部环境初始条件

根据项目所处环境内外部要素的特征，对各初始变量的定义见表 8-1 所示。

表 8-1　初始变量概率定义

序号	初始变量	区间定义	概率分布
1	计划生育政策变化	收紧\维持\放松	0\0.9\0.1
2	新开工项目变化	大幅减少\小幅减少\持平\小幅增加\大幅增加	0\0.5\0.3\0.2\0
3	货币政策	紧缩\持平\平稳扩张\大幅扩张	0\0.7\0.3\0
4	基础设施投资政策	紧缩\持平\平稳扩张\大幅扩张	0.2\0.5\0.3\0
5	替代材料开发	不成熟\基本成熟\成熟产品	0.9\0.1\0
6	材料生产技术进步	进步缓慢\进步中速\进步快速	0.9\0.1\0
7	新型施工机械开发	不成熟\基本成熟\成熟产品	0.9\0.1\0
8	机械制造技术进步	进步缓慢\进步中速\进步快速	0.9\0.1\0
9	施工技术管理人员素质	低\一般\高	0.2\0.8\0
10	业主管理水平	低\一般\高	0.4\0.6\0
11	施工难度	低\一般\高	0.6\0.4\0
12	质量控制标准	低\一般\高	0\0.6\0.4
13	地质情况复杂程度	低\一般\高	0.7\0.3\0

8.2　投入品价格指数求解

8.2.1　人工费价格指数推导

将计划生育政策变化、新开工项目变化、货币政策、基础设施投资政策等四个初始节点的初始概率输入图 8-1 所示的贝叶斯网络模型可以求得人工费价格的变化趋势。

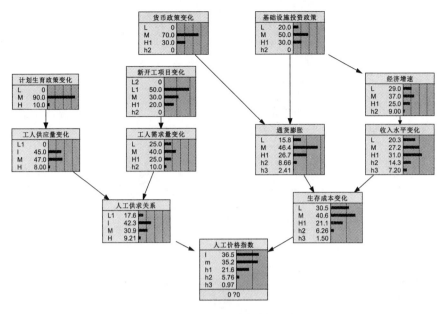

图 8-1　人工单价指数预测

根据定义的人工价格指数区间,可以求得人工费变化的概率如表 8-1 所示。

表 8-1　人工价格指数分布

序号	区间	概率分布
1	<0.95	36.5%
2	0.95～1.05	35.2%
3	1.05～1.2	21.6%
4	1.2～1.5	5.76%
5	>1.5	0.97%

8.2.2　材料费价格指数推导

将替代材料开发、材料生产技术进步、货币政策、基础设施投资政策等四个初始节点的初始概率输入图 8-2 所示的贝叶斯网络模型可以求得人工费价格的变化趋势。

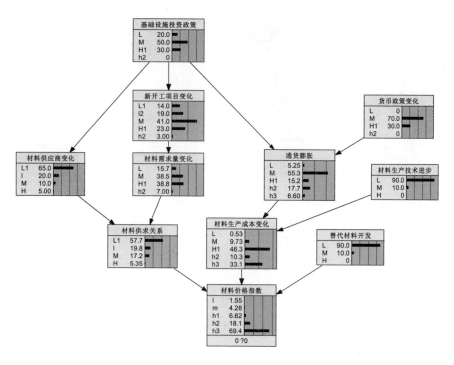

图 8-2　材料单价指数预测

　　根据定义的材料费价格指数区间，可以求得材料费变化的概率如表 8-2 所示。

表 8-2　材料单价指数分布

序号	区间	概率分布
1	<0.95	1.55%
2	0.95～1.05	4.28%
3	1.05～1.2	6.62%
4	1.2～1.5	18.1%
5	>1.5	69.4%

8.2.3　机械台班费价格指数推导

　　将替代新型机械开发、机械制造技术进步、货币政策、基础设施投资政策等四个初始节点的初始概率输入图 8-3 所示的贝叶斯网络模型可以求得人工费价格的变化趋势。

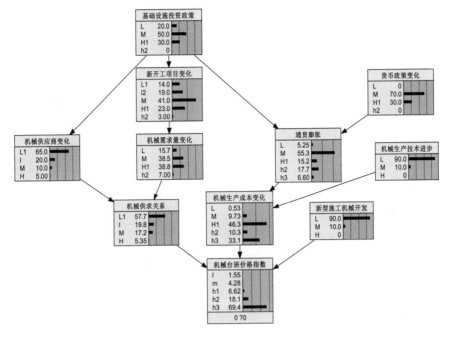

图 8-3　机械台班价格指数预测

根据定义的机械台班费价格指数区间，可以求得机械台班费变化的概率如表 8-3 所示。

表 8-3　机械台班费价格指数分布

序号	区间	概率分布
1	<0.95	1.55%
2	0.95～1.05	4.28%
3	1.05～1.2	6.62%
4	1.2～1.5	18.1%
5	>1.5	69.4%

8.3 投入品消耗量指数求解

8.3.1 人工消耗量指数推导

将施工技术管理人员素质、业主管理水平、施工难度、质量控制标准等四个节点的初始概率输入图 8-4 所示的贝叶斯网络模型可以求得人工消耗量的变化趋势。

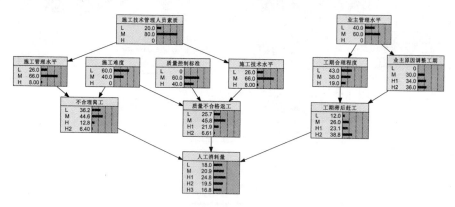

图 8-4　人工消耗量指数预测

根据定义的人工消耗量指数区间，可以求得人工消耗量变化的概率如表 8-4 所示。

表 8-4　人工消耗量指数分布

序号	区间	概率分布
1	<0.95	18%
2	0.95～1.05	20.9%
3	1.05～1.2	24.8%
4	1.2～1.5	19.5%
5	>1.5	16.8%

8.3.2 材料消耗量指数推导

将施工技术管理人员素质、施工难度、质量控制标准等三个节点的初始概率输入图 8-5 所示的贝叶斯网络模型可以求得材料消耗量的变化趋势。

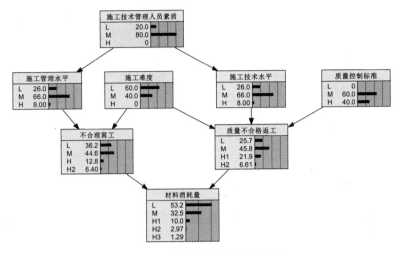

图 8-5　材料消耗量指数预测

根据定义的材料消耗量指数区间，可以求得材料消耗量变化的概率如表 8-5 所示

表 8-5　材料消耗量指数分布

序号	区间	概率分布
1	<0.95	53.2%
2	0.95～1.05	32.5%
3	1.05～1.2	10%
4	1.2～1.5	2.97%
5	>1.5	1.29%

8.3.3　机械台班消耗量指数推导

将施工技术管理人员素质、地质条件复杂程度、施工难度、质量控制标准等四个节点的初始概率输入图 8-6 所示的贝叶斯网络模型可以求得机械台班消耗量的变化趋势。

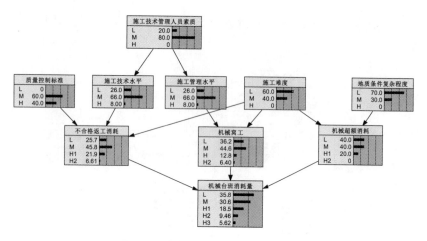

图 8-6　机械台班消耗量指数预测

根据定义的材料消耗量指数区间，可以求得机械台班消耗量变化的概率如表 8-6 所示。

表 8-6　机械台班消耗量指数分布

序号	区间	概率分布
1	<0.95	35.8%
2	0.95 ~ 1.05	30.6%
3	1.05 ~ 1.2	18.5%
4	1.2 ~ 1.5	9.46%
5	>1.5	5.62%

参考文献

[1] 徐海凤. 综合管廊造价指标分析[J]. 建筑与装饰，2016，（19）：141-143.

[2] 刘汉良. 统计学教程[M]. 上海：上海财经大学出版社，1995.

[3] 华锋. 工程造价分析和指标的建立与运用[J]. 医院工程设计杂志，2003，（24）：38-40.

[4] 陈德华. 浅析业主对工程造价的几个阶段性控制措施[J]. 建筑与科技（下旬刊），2007，（8）：344-345.

[5] 郭辉. 浅谈在工程各阶段中如何进行工程造价的控制[J]. 中国商界（下半月），2008，（5）：234.

[6] 张胜斌. 工程项目风险分析方法研究[D]. 吉林：吉林大学，2008.

[7] 张莹，李睿. 佛山新城域和路综合管廊工程设计[J]. 中国给水排水，2015.

[8] 董友亮. 城市高架桥梁的造价指标[J]. 管理施工，2016，（07）：255-257.

[9] 王芳英. 地铁工程综合造价指标解析[J]. 铁路工程造价管理，2012，（05）：33-36.

[10] 崔宝君. 高速公路造价指标体系的建立[J]. 交通科技与经济，2012，（02）：39-40.

[11] 戚安邦，孙贤伟. 国际工程造价管理体制的比较研究[J]. 南开管理评论，2000，（3）：56-60.

[12] 周旭，刘义虎，傅波. 山区高速公路施工组织设计研究[J]. 中南公路工程，2005，30卷1期：174-177.

[13] 郭颖. 公路工程造价全风险管理研究[D]. 哈尔滨：东北林业大学，2006.

[14] 吴曲. 浅谈日本工程造价管理[J]. 山西建筑，2008，34（6）：274-275.

[15] 陈建国. 工程计价与造价管理[M]. 北京：中国建筑工业出版社，

2011.

[16] 郭北玲. 论工程造价指标体系构成及应用[J]. 工程经济，2013，（02）：34-36.

[17] 何丽琴. 工程造价指标编制与应用分析[J]. 项目管理，2015，（07）：32-33.

[18] 高岫，李蕊. 公路隧道工程造价指标分析与探讨，2019，（03）：57-63.

[19] 沈维春，董士波. 工程造价指数体系与计算模型研究[J]. 技术经济，2008，27（10）：62-67.

[20] 朱清. 工程造价指标及指数在项目实施中的应用[J]. 民营科技，2014（10）：171..

[21] 肖光朋，王红帅. 基于灰色理论对房屋建筑工程造价指数预测研究[J]. 四川建材，2014（1）：224-225.

[22] 邓灿 等. 如何控制公路工程的工程造价[J]. 工程论坛，2005（8）：111.

[23] 李琳. 公路工程造价统计分析系统研究[D]. 吉林大学，2007.

[24] 李冠平. 公路工程造价指标探讨[J]. 湖南交通科技，2007，第33卷第1期：70-72.

[25] 康章. 单位工程造价指标编制方法的探讨[C]. 第三届海峡两岸土木建筑学术研讨会论文集，2007，294-296.

[26] US Army Corps of Engineering. Civil work construction cost index system[M]. 2000.

[27] Kelly J,Male S. Value Management in Design and Constrution: the Economic Management of Projects [M]. London, E& FN Spon, 1993

[28] Thomas H W. Management and Economy Statiscs [M]. 1993.

[29] Runeson. Method and Methodology for Price Level Forecasting in the Building Industry[J]. Construction Management and Economics, 1988, 6.

[30] 郝建新. 工程造价管理的国际惯例[M]. 天津大学出版社，2004

[31] 葛为民. 工程造价指数与工程造价动态管理[J]. 太原工业大学学报，1997，4.

[32] 王振强. 英国工程造价管理[M]. 南开大学出版社，2004.

[33] 郝建新. 美国工程造价管理[M]. 南开大学出版社，2004.

[34] 全国造价工程师执业资格考试培训教材编审委员会. 工程造价计价与控制[M]. 北京：中国计划出版社，2010.

[35] 王振强. 日本工程造价管理[M]. 南开大学出版社，2002.

[36] 刘东宁. 铁路工程与公路工程造价水平对比分析[J]. 铁路工程造价管理，2009，（1）：34-41.

[37] 郭辉. 浅谈在工程各阶段中如何进行工程造价的控制[J]. 中国商界（下半月），2008，（5）：234.

[38] 瞿国旭. 公路工程造价指标构建方法研究[J]. 公路交通科技（应用技术版），2016，（02）：239-241.

[39] Jan E. Life Cycle Costing: Using Activity-based Costing and Montevallo Methods to Manage Future Costs and Risks[J]. Johnwiley &sons. 2003(5): 51-92.

[40] Wilmot C G，Cheng G. Estimating future highway construction costs[J]. Journal of Construction Engineering and Management，v129，n3，P272-279，May/June 2003.

[41] 王真真. 基于敏感性分析的项目风险评估方法研究[D]. 湖南：湖南大学，2008.

[42] 韩长晖. 敏感性分析的因素分析法[J]. 上海会计，1999，（5）：18-20

[43] 宋选民. 建设项目敏感性分析的临界值法及多因素敏感性分析[J]. 数量经济技术经济研究，1994，（3）：35-41.

[44] 王圣明. 敏感性分析方法及其应用[J]. 新疆有色金属，1999，（2）：56-60.

[45] 赵彬，陈念. 基于公路工程造价因子模型的造价敏感性分析[J]. 工程管理学报，2017，（01）：39-43.